藻类资源开发与利用丛书

微藻污水处理与絮凝采收研究

Study on Microalgae—based Wastewater Treatment and Flocculation for Harvest

吕俊平 著

海洋出版社

2021 年·北京

图书在版编目（CIP）数据

微藻污水处理与絮凝采收研究 / 吕俊平著. —北京：
海洋出版社，2021. 8

  ISBN 978-7-5210-0810-4

  Ⅰ．①微… Ⅱ．①吕… Ⅲ．①污水处理-微藻-应用-
研究②微藻-水絮凝-研究 Ⅳ．①X703②TU991. 22

  中国版本图书馆 CIP 数据核字（2021）第 176266 号

责任编辑：高朝君
责任印制：安　淼

海洋出版社 出版发行

http://www.oceanpress.com.cn

北京市海淀区大慧寺路 8 号 邮编：100081

廊坊一二〇六印刷厂印刷

2021 年 8 月第 1 版 2021 年 8 月北京第 1 次印刷

开本：710mm×1000mm 1/16 印张：10

字数：150 千字 定价：68.00 元

发行部：010-62100090 邮购部：010-62100072

总编室：010-62100034 编辑室：010-62100038

海洋版图书印、装错误可随时退换

前　言

作为环境污染的重要组成部分，水污染始终是人类生存与发展所要面临的重大问题。未经处理的污水大量排放进入水体，会使氮、磷等污染物在水体中大量积累，引起藻类及其他浮游生物过度繁殖，水体溶解氧含量下降，水质恶化，威胁水生生物的生存，甚至会造成水生生态系统功能的退化。因此，开发经济高效的污水处理技术已成为水环境保护领域的研究重点。

目前，以微生物为基础的污水处理工艺被大量研发。微生物污水处理工艺（例如，A^2/O、曝气生物滤池、氧化沟、膜生物反应器等）因构造简单，工艺较为成熟，工程设计经验丰富且运行控制较容易等特点而被广泛应用。然而，相关污水处理工艺去除有机污染物效率较高，但对氮、磷的去除效果较差，时常不能满足排放要求。随着污水排放量的日益增长以及排放标准的不断提高，如何高效去除污水中的氮、磷等污染物已迫在眉睫。

微藻是指那些在显微镜下才能辨别其形态的微小植物群体，它们通常含有叶绿素并能进行光合作用而自养生活。尽管微藻以自养为主，但是部分微藻，尤其是部分种类的单细胞微藻具有较强的异养和混养生长能力，它们能够通过分解有机物而获取能量进行生长繁殖。同时，类似于高等植物，藻类也能够有效地吸收氮、磷等营养物用于自身的生长繁殖。更为重要的是，微藻在有效去除污水中的有机物、氮、磷等营养物质的同时将其转化为蛋白质、淀粉、色素及油脂等成分，可用于生物燃料、生物肥料、功能性食品、动物饲料和药品等的开发。

因此，利用污水培养微藻可同时实现污水处理、营养物质的回收利用以及高附加值微藻生物质生产等多重目标，使基于微藻培养的污水处理过程具备可持续性的优点。因此，微藻被认为是可用于污水处理的理想生物材料。

尽管微藻污水处理工艺具有一定的潜力，但是目前微藻污水处理相关研究主要在模拟污水中进行。微藻处理实际污水的案例相对较少。此外，微藻处理污水后如何高效完成藻水分离也是该工艺大规模推广与应用所面临的难题之一。鉴于此，本研究重点评价了微藻用于处理常见类型污水时的性能；同时，分析了污水中最为重要的两类物质——碳、氮对污水处理性能以及藻细胞絮凝采收效率的影响。本书中有关实验设计、数据获取以及后续分析得到了山西大学生命科学学院藻类资源利用课题组谢树莲教授、冯佳教授、刘琪副教授、南芳茹副教授、刘旭东副教授、刘洋硕士、赵菲硕士、郭宝文硕士、刘国记硕士等的帮助和支持，特别感谢谢树莲教授在书稿撰写中给予的指导、帮助和支持！

本书可供环境工程等相关领域的研究人员参考阅读。由于作者水平有限，书中定有疏漏和欠妥之处，敬请读者批评指正。

本书的研究工作得到国家自然科学基金项目（31700310）和山西省重点研发计划项目（社会发展方面）（201803D31020）的支持。

目　录

第 1 章 微藻污水处理与
絮凝采收研究现状

1.1 我国水资源现状

我国水资源总量为 2.8×10^{12} m³，居世界第六位，但人均水资源量仅为世界人均水平的 28%，其中人均淡水资源量仅为 440 m³左右，是世界上最缺水的国家之一。据 2014 年统计，我国 660 个建制市中约有 400 个城市缺水，其中 100 个城市处于严重缺水状态（王熹等，2014）。

与此同时，随着社会的发展和城镇化、工业化进程的不断加快，排放在环境中的污水日益增加，水质污染情况不容乐观，水资源危机日趋严重。据《2017 中国生态环境状况公报》显示，我国地表水 1 940 个水质断面（点位）中，Ⅰ~Ⅲ类水质断面（点位）1 317 个，占 67.9%；Ⅳ类、Ⅴ类 462 个，占 23.8%；劣Ⅴ类 161 个，占 8.3%。5 100 个地下水监测点中水质为优良级、良好级、较好级、较差级和极差级的监测点分别占 8.8%、23.1%、1.5%、51.8%和 14.8%。水体污染直接体现为湖泊的富营养化，极易出现蓝藻暴发、水质发黑、发臭等现象（郭楠楠等，2019）。水体富营养化主要是氮、磷等营养元素增加，导致藻类和水生植物生产力增加，造成水质下降，严重时还会导致水生生态系统紊乱，使生物种类减少，多样性受到破坏（陈小锋，2012）。这就要求我国提高污水处理的标准，使污水达标排放，降低水体富营养化发生的概率。

1.2   我国污水处理现状

我国水环境的改善取决于污水处理和污染控制的综合应用。我国的污水处理事业自改革开放以来取得了快速发展，但仍然落后于城市发展的需要。污水处理的重点研究内容是脱氮除磷，这也是克服水体富营养化的关键。目前，我国普遍采用的污水处理技术为常规的二级处理。一级处理为物化处理，主要通过格栅拦截、沉淀等手段使水中较大颗粒物和悬浮物与污水分离；二级处理为生化处理，使悬浮或溶解在污水中的有机物以及氮、磷等营养盐被微生物降解和转化。污水的处理工艺会影响污水的处理效率，我国主要的污水处理工艺有 A^2/O 工艺、SBR 工艺、MBR 工艺等（马宁等，2016；Sikosana et al.，2019）。

A^2/O 工艺是通过交替厌氧、缺氧和好氧过程进行脱氮除磷反应。该工艺可有效地处理二级污水或三级污水，具有较好的脱氮除磷效果，是目前应用最广泛的污水脱氮除磷工艺（Jin et al.，2014）。该工艺特点是厌氧-缺氧-好氧交替运行，不会因丝状菌过度繁殖而引起污泥膨胀，但回流污泥会夹带硝氮及少量溶解氧从而破坏厌氧环境，影响脱氮除磷的效果。改进后，倒置 A^2/O 工艺省去了污泥回流，将缺氧区前置，并且加大了混合液回流比，从而提高了系统的脱氮能力，同时也强化了系统的除磷能力（Lim et al.，2012）。

SBR 工艺即序批式活性污泥工艺，也称间歇曝气，是通过在时间上的交替组合将不同的处理过程组合在一个反应器内。该工艺将调节池、曝气池和二级沉淀池的功能集合于一池，可进行水量调节、有机物降解以及固液分离等（王凯军和宋英豪，2002）。该工艺可以根据水质、水量灵活地配置反应时间和沉降时间，从而使混合液悬浮固体不会因为水力冲击而被冲洗出来，静态沉降还可降低污水总悬浮物（Sathian et al.，2014）。该工艺简单，处理效果高，运行比较灵活，便于高度自动化的使用（Yang et al.，2010）。

MBR 工艺又称膜生物反应器，是一种将活性污泥与膜分离技术相结合的污水处理方法（杨春雪等，2020）。该程序以膜单元取代传统生物处理的二级沉淀池，通过膜分离技术截留大分子有机物和活性污泥在曝气池内，使出水清澈（修长贤等，2016）。MBR 具有出水水质稳定，难降解有机物去除效率高的优点，但同时也存在膜造价高、膜污染严重和运行能耗高等缺点。目前，MBR 技术主要用于中水回用、城市污水处理和微污染饮用水净化等领域。

1.3 微藻应用于污水处理的研究

1.3.1 微藻概述

微藻通常是指含有叶绿素 a，能进行光合作用的微生物，其广泛分布于陆地、海洋和湖泊中。微藻个体微小，通常几微米，只有在显微镜下才能分辨其形态。微藻种类繁多，目前发现的微藻已经超过 2 万种，其中能够应用于生产并大量培养的微藻主要分属于蓝藻门、绿藻门、金藻门和红藻门（李方芳，2012）。微藻能够进行多种营养模式，既可利用光能和无机盐进行光能自养，也可以直接摄取有机物进行异养，还可以同时采用这两种营养方式进行兼养（王军等，2003；De-Bashan et al.，2005；文锦等，2010）。微藻在生长过程要吸收大量的氮、磷等营养物质，并通过细胞代谢合成各种有机物如蛋白质、多糖、脂质等，从而在食品、医药、饲料、可再生能源以及净化环境等方面拥有巨大的开发潜力（韩琳，2015）。

1.3.2 微藻应用于污水处理的原理

微藻在生长过程中利用光能，以污水中的氮、磷等为营养源，以二氧化碳（CO_2）为碳源，通过光合作用合成自身生长所需的物质，其反应方程式如下：

$$106CO_2 + 16NO_3 + HPO_4^{2-} + 122H_2O + 18H^+ \rightarrow C_{106}H_{263}O_{110}N_{16}P + 138O_2$$

微藻在污水处理中脱氮除磷的机理包括直接吸收转化作用和间接作用（胡洪营等，2009）。氮元素是限制微藻生长和新陈代谢过程的首要因素，微藻可以利用污水中尿素、简单氨基酸等有机氮或硝酸盐（NO_3^-）、亚硝酸盐（NO_2^-）和铵（NH_4^+）等无机氮作为氮源，并在特定的酶协助下转化为生长所需的有机物，如氨基酸、蛋白质、酶以及叶绿素等。微藻同化无机氮的代谢过程为：硝酸盐（NO_3^-）通过主动运输进入藻细胞内，然后在硝酸还原酶催化下将硝酸盐还原为亚硝酸盐（NO_2^-），接着在亚硝酸还原酶催化下还原为氨基，最后氨基在谷氨酸、三磷酸腺苷（ATP）、谷氨酰胺合成酶的共同作用下合成谷氨酰胺（Solimeno et al.，2015；Solimeno et al.，2017）。磷元素同样在微藻生长和新陈代谢过程中扮演重要的角色，是藻细胞中核酸、脂质、能量转移分子等的主要构成元素（Shilton et al.，2012；Sindelar et al.，2015）。在微藻的新陈代谢过程中，磷元素主要以 H_2PO_4 和 HPO_4^{2-} 无机磷的形式被吸收，并通过磷酸化结合到有机化合物上，大部分反应伴随着能量的输入，如二磷酸腺苷（ADP）到 ATP 的转化（Martinez et al.，1999）。有研究表明，有些微藻除利用无机磷，还可利用有机磷如磷脂等进行生长（Antia，1965）。而微藻通过间接作用去除氮、磷主要是随着微藻光合作用和生长繁殖，引起污水中 pH 升高。在碱性环境下会导致大量氨挥发而被去除；磷酸盐和水中钙离子等结合形成沉淀而被去除（彭明江等，2005）。

微藻还具有较强的富集重金属的能力，可以通过胞外结合与沉淀、胞内吸收与转化来吸收和富集重金属（Yu et al.，1999），从而被应用于重金属污染水体的修复和治理（李志勇等，1997）。此外，苯酚作为一种有机碳源可以被微藻直接利用，因而被用于一些特殊工业污水的治理（任佳等，2012）。

1.3.3 微藻应用于污水处理的研究进展

自研究人员于 1957 年首次提出利用微藻去除氮、磷等污染物以来（Oswald et al., 1957），微藻应用于污水处理的研究已经进行了半个多世纪。目前，很多研究表明，微藻能够有效地去除工农业生产废水和生活污水中氮、磷等污染物（Cai et al., 2013）。更有报道称，微藻去除污水中氮、磷效果要优于化学处理的方法（Pittman et al., 2011）。市政污水中含有较高的氮、磷等营养元素，且有毒物质含量低，可以被微藻去除。Li 等（2011）研究发现用小球藻（*Chlorella* sp.）处理城市生活污水，培养 14 d 后，污水中化学需氧量（COD）、总氮、氨氮和总磷的去除率分别达到了 90.8%、89.1%、93.9%和 80.9%。Lv 等（2018）研究了 5 种不同绿藻的脱氮能力，发现 5 种绿藻在模拟市政污水中都有较好的适应能力，培养 7 d 后污水氨氮去除率达到 89.30%~97.03%；硝氮的去除率达到 100%。相比于市政污水，养殖废水氮、磷含量更高（Wilkie et al., 2002）。Cheng 等（2013）在养猪场废水中分离出一株栅藻（*Desmodesmus* sp. CHX1），并证明其能在氨氮浓度为 161.5 mg/L 的灭菌养猪废水中生长，且总氮、氨氮和总磷的去除率分别为 87.3%、95%以上和 93.1%。Lv 等（2018）将普通小球藻（*Chlorella vulgaris*）接种于氨氮和 COD 含量分别高达 656.75 mg/L、10 800 mg/L 的未灭菌的养牛废水中，在培养 4 d 后 COD、氨氮和总磷的去除率分别为 62.30%、81.16%和 85.29%，表现出较好的污染物去除效果。

目前，利用微藻处理污水常见的应用类型有高效藻类塘（HRAP）、水力藻类床（ATS）和固定化藻类污水处理系统等。高效藻类塘是在稳定塘的基础上发展起来的，具有塘深度浅，塘宽度较窄，停留时间短，以及连续的搅拌装置等特点。一方面利于形成适合藻类和细菌生长繁殖的环境，强化两者之间的相互作用；另一方面它还可以创造一定的物理化学条件，有效去除氮、磷以及病原体等污染物（许春华等，2001；余秋阳，2014）。水力藻类床主要由 ATS 渠道、脉冲布水装置、旋转筛网、压力滤池、紫外线消毒装置和收割机等构成，是在一个倾斜的渠道上，培养附着的或底栖的细菌、微藻和丝状藻类，从而对二级出水进行深度处理，ATS 有很好的除磷作用，可以通过同化、沉淀作用去除污水中的磷（邢丽贞等，2004）。固定化藻类污水处理系统是用物理或化学方法将游离的藻细胞固定在载体上，包括吸附法、包埋法和耦联法。该系统用于污水处理具有较高的藻细胞密度和污染物去除效率，反应结束后易于收获藻细胞而且可以重复利用（张涵等，2018）。

1.3.4 微藻应用于污水处理的优势及存在的问题

微藻污水处理技术作为一种新型的"绿色技术"具有很多优点：①微藻生长速度快，适应能力强，能够处理多种不同的污水；②运行操作简单，不需要额外添加化学物质；③可以与 CO_2 的减排相结合，在处理污水的同时减排 CO_2；④微藻可以利用污水中的污染物进行生长，用于处理污水时节省能源的消耗，具有环保性和经济性。

尽管如此，该技术也存在很多问题。不同的微藻由于其生理状况、所处理污水种类和培养条件的不同而存在较大的差异（Kothari et al.，2012；Kothari et al.，2013）。如何实现微藻有效处理污水和较高的生物量产量是关键。现有的微藻污水处理技术往往处理规模小，周期长。而且，相比于市政污水处理，微藻用于养殖废水处理的研究报道相对较少，处理效率较低。尤其在畜禽养殖废水处理方面，往往需要对原水进行稀释以提高降解效率。此外，微藻采收也是限制微藻污水处理技术工业化发展的瓶颈。目前，微藻采收的方法主要有絮凝、离心、过滤和气浮法等（Milledge et al.，2013）。絮凝法需要向藻液中添加絮凝剂使藻细胞聚集沉淀（Papazi et al.，2010）。但絮凝法往往效率较低，且容易造成二次污染。离心法是借助离心力的作用实现微藻从培养液中分离。该方法适用范围广，分离效率高，但设备昂贵且能耗较高，大大增加了采收的成本（Grima et al.，2003）。过滤法通常是在压力或吸力的作用下把藻细胞截留下来，该方法容易造成膜污染，需要定期更换滤膜，增加采收成本（Christenson and Sims，2011）。气浮法是借助小气泡附着藻细胞并将其带离液面的方法。该方法通常需要与其他采收方法相结合，工序复杂，且不适合混合培养的藻类采收（Milledge and Heaven，2013）。有趣的是，某些微藻在不添加任何絮凝剂的情况下也会发生絮凝，这种现象称为自发性絮凝（Besson and Guiraud，2013；González-Fernández and Ballesteros，2013）。相比于传统的微藻采收方法，利用微藻自絮凝采收操作简便、成本低且不会造成二次污染，是一种具有潜力的采收方式。

1.4　自絮凝微藻与絮凝采收

1.4.1　自絮凝微藻简介

自絮凝微藻是指在微藻培养过程中，微藻自身合成的糖苷或多糖等活性物质，分泌到藻细胞表面，通过黏附邻近的悬浮藻细胞使其聚集在一起的一类藻种（Sukenik et al.，1984；Guo et al.，2013；叶晨松，2018）。自絮凝微藻的絮凝过程无需酸、碱或金属离子的加入，将藻细胞有效地从污水中分离出来不需要额外的设备，也不需要将昂贵的絮凝剂添加到细胞中。藻种能够通过沉降的方法有效地从污水中分离出来。与其他絮凝方法相比，它具有操作简单、成本低和安全性高等优点（Guo et al.，2013；Alam et al.，2014；Salim et al.，2014；Lv et al.，2016）。

目前，已有研究报道了一些自絮凝微藻，如卷曲纤维藻（*Ankistrodesmus falcatus*），*Tetraselmis suecica*（Salim et al.，2011），莱茵衣藻（*Chlamydomonas reinhardtii*）（Su et al.，2012），普通小球藻（Su et al.，2012；Salim et al.，2014），绿球藻（*Chlorococcum sphacosum* GD）（Lv et al.，2016），*Ettlia texensis*（Salim et al.，2013），斜生栅藻（*Scenedesmus obliquus*）（Guo et al.，2013），浅红栅藻（*S. rubescens*）（Su et al.，2012；Lv et al.，2019）。

特别是 *Ettlia texensis*，经过 3 h 的沉降后絮凝效率大约为 90%，并且它富含特别高的油脂，可以作为生产生物柴油的原料（Salim et al.，2013）。而且，一些自絮凝微藻如莱茵衣藻、浅红栅藻和绿球藻用于污水处理具有较好的效果（Su et al.，2012；Lv et al.，2018；Lv et al.，2019）。然而，通过已报道的自絮凝微藻，我们可以发现自絮凝微藻的种类是非常少的，具有藻株特异性且絮凝机理尚不完全清楚，并且自絮凝微藻的絮凝效率也会受到许多外界因素的影响，如 pH、培养基中营养物的组成和浓度及培养时间等（叶晨松，2018；Matter et al.，2019），距离微藻收获的产业化应用距离较远，仍需进一步研究。

1.4.2　微藻胞外聚合物（Extracellular Polymeric Substances，EPS）研究进展及其与絮凝性能的关系研究

1.4.2.1　EPS 简介

EPS 是藻类在代谢过程中分泌在细胞壁外的有机高分子聚合物，它们为藻细胞创造了一层保护层，使藻细胞免受外界恶劣环境的影响，并在缺乏营养物质的情况下为藻类提供碳源和能量（Kim et al.，2018）。EPS 的化学成分主要为蛋白质和多糖，占 EPS 总量的 70%~80%，以及少量的核酸、脂类和腐殖酸等物质（More et al.，2014）。

EPS 组成成分的具体含量和特性与提取方法及分离检测技术等密切相关。EPS 的提取是对其分析的基础。然而，目前对于微藻 EPS 的提取还没有统一的技术规范。许多研究人员采用活性污泥 EPS 的提取方法提取微藻的胞外聚合物。例如，Xu 等（2014）用热提取法（60℃，30 min）提取微囊藻（*Microcystis*）的 EPS，提取的多糖和蛋白质含量分别为 73 400 μg/mL 和 469 μg/mL；Takahashi 等（2010）采用热提取法、阳离子交换树脂（CER）法、戊二醛预处理后的热提取法从海洋底栖硅藻舟形

藻（*Navicula jeffreyi*）中提取 EPS，该研究找到了能够提取出最高产量的 EPS 和造成最小细胞裂解的最佳方法。然而，这项研究针对的是硅藻，它们和绿藻的细胞结构有着显著性差异。鉴于绿藻在污水处理方面的优势（Abinandan et al.，2015），目前尚不清楚这些方法是否适用于提取绿藻的 EPS。当然，其他方法也被用来提取绿藻的 EPS。例如，Salim 等（2014）用搅拌法提取绿藻 *Ettlia texensis* 的 EPS；Lv 等（2016）用热提取法（80℃，30 min）提取绿球藻和凯氏拟小球藻（*Parachlorella kessleri*）的 EPS；Mishra 等（2009）用高速离心法（15 000 g，20 min）提取杜氏盐藻（*Dunaliella salina*）的 EPS；Wang 等（2014）用碱提取和超声波法提取小球藻（*Chlorella* sp.）和微芒藻（*Micractinium* sp.）的 EPS；Kim 等（2018）用 EDTA 法提取普通小球藻的 EPS。

EPS 的产生也受到许多因素的影响。据报道，微藻在胁迫条件下能产生大量的 EPS。如 Boonchai 等（2015）报道了在污水中生长的小球藻，当污水中氮和磷含量都低于正常培养基中的含量时，藻细胞会产生大量 EPS。陈长平等（2013）报道了培养基中重金属的存在会加剧 EPS 的产生。吴琪璐等（2018）报道了在 30℃时，葡萄藻（*Botryococcus* sp.）处于适宜的生长环境中，EPS 的分泌减少；而当温度降低到 25℃时，温度条件偏离了葡萄藻的适应范围，葡萄藻减缓生长进而分泌更多的 EPS。此外，EPS 成分的变化也与藻种、生长阶段、培养基质、培养条件（培养时间、pH、盐度、光照和温度）和检测手段等有关（Nielsen et al.，1996）。

1.4.2.2　EPS 与微藻絮凝性能的关系研究

目前，已有许多研究报道称 EPS 促进了微藻的絮凝。Aljuboori 等（2016）发现四尾栅藻（*Scenedesmus quadricauda*）的自絮凝作用是由于其本身产生的 EPS。当 Zn^{2+} 存在时，该藻株产生的 EPS 絮凝四尾栅藻细胞的效率可达 86.7%，絮凝机理为架桥作用。Salim 等（2011）用卷曲纤维藻和斜生栅藻絮凝普通小球藻，用 *Tetraselmis suecica* 絮凝富油新绿藻

（*Neochloris oleoabundans*），发现自絮凝微藻的添加加快了非絮凝微藻的沉降速度，同时絮凝效率显著提高。通过显微镜观察，推测其机理为卷曲纤维藻产生的 EPS 附着在细胞表面，由于其带正电荷，它可以与其他微藻细胞结合形成巨大的网状结构，进而通过架桥作用使藻细胞沉降。Xiao 等（2016）发现，藻类产生的 EPS 能将细胞和其他物质聚集成较大的絮凝物，从而增大了藻类的粒径和沉降速度。Salim 等（2014）报道了绿藻 *Ettlia texensis* 产生的 EPS 在它的自絮凝过程中起着重要的作用而且可以絮凝一些非自絮凝微藻。Guo 等（2013）报道了在温度 20~60℃、pH 值为 6~8 时自絮凝型斜生栅藻产生的 EPS 能够絮凝淡水非絮凝型斜生栅藻、普通小球藻和微拟球藻（*Nannochloropsis oceanica*）。Vandamme 等（2013）发现微藻的自絮凝与钙和镁的沉淀物形成有关，它们带正电荷，会中和微藻表面的负电荷，多个藻细胞通过二价阳离子的架桥作用连接在 EPS 上，形成较大的絮状物，从而导致絮凝。

通过上述的研究报道，我们可以发现研究者普遍认为微藻絮凝与 EPS 有重要关系。一方面是 EPS 本身复杂的絮状化合物结构特性，在各个细胞之间建立起强有力的连接，使得藻细胞沉降下来；另一方面是 EPS 的架桥作用，通过中和微藻表面的负电荷从而促进微藻的絮凝。

1.4.3 微藻自絮凝特性研究中存在的问题

通过上述文献综述，我们认为 EPS 在微藻絮凝过程中确实起着重要作用。然而，我们对已有微藻 EPS 特征相关研究分析后发现，目前提取绿藻 EPS 的方法多种多样，而且用这些方法提取绿藻 EPS 的可行性尚未评估，有些方法可能对细胞损伤较大，从而影响 EPS 相关特性分析的准确性。所以目前还缺乏一种通用和标准的绿藻 EPS 提取方法。此外，微藻处理污水过程中所面临的是实际污水。不同于培养基，实际污水中碳源和氮源种类复杂且多样。然而，已有研究很少关注碳源和氮源对微藻 EPS 特性及其絮凝效率的影响。

第 2 章 微藻处理水产养殖废水中污染物的特性研究

2.1 引言

目前,我国基于微藻培养的市政污水处理相关研究已广泛开展且出水基本达到了市政污水行业排放标准。相较于市政污水处理,利用微藻处理养殖废水的研究成果相对较少,处理时间长,效率较低。本研究评价了 5 株绿藻藻种对水产养殖废水中污染物的降解特性。在此基础上,选择适宜的藻种并通过调控微藻起始接种浓度以强化水产养殖废水中污染物的去除效率。

2.2 实验材料与方法

2.2.1 实验材料

本实验所使用藻种均属于绿藻门。四尾栅藻(*Scenedesmus quadricauda*)(FACHB-1468)、普通小球藻(*Chlorella vulgaris*)(FACHB-1227)和斜生栅藻(*Scenedesmus obliquus*)(FACHB-417)均由中国科学院水生生物研究所提供。绿球藻(*Chlorococcum sphacosum* GD)采自山西省关帝山八水沟风景区,从落叶松下的苔藓中分离纯化所得,拟小球藻(*Parachlorella kessleri* TY）从山西汾河景区土壤中分离纯化所得（Feng et al., 2016；Lv et al., 2016）。

2.2.2 实验用水

本实验所采用的水产养殖废水取自山西省太原市鱼种场。在使用之前，将所取水产养殖废水静置 1 h，以除去较大的悬浮颗粒物。其水质组成见表 2-1。

表 2-1 水产养殖废水特征

参数	单位	值
pH	—	7.86
水温	℃	24.7
氨氮	mg/L	6.25
硝氮	mg/L	0.35
亚硝氮	mg/L	24.65
总磷	mg/L	1.83
化学需氧量	mg/L	32.4
溶解氧	mg/L	2.52
电导率	mS/cm	2.13
悬浮固体	mg/L	70
叶绿素 a	mg/L	0.46
叶绿素 b	mg/L	0.17
细菌总数	个/mL	2.54×10^4
蓝藻细胞密度	个/L	21.68×10^6
绿藻细胞密度	个/L	2.5×10^6
硅藻细胞密度	个/L	0.68×10^6
裸藻细胞密度	个/L	0.16×10^6

2.2.3 实验设备与培养基

研究所使用的主要实验设备见表 2-2。

表 2-2　实验设备

仪器名称	生产厂家
HC-2518R 高速冷冻离心机	安徽中科中佳科学仪器有限公司
立式压力蒸汽灭菌器	上海博迅实业有限公司设备厂
TB-214 分析天平	北京赛多利斯仪器系统有限公司
多功能酶标仪	美国伯腾仪器有限公司
AquaPen-CAC100 便携式水体叶绿素荧光仪	北京易科泰科技有限公司
TU-1810 紫外可见光分光光度计	北京普析通用有限责任公司
磁力加热搅拌器	江苏金坛市环宇科学仪器厂
SK-1 快速混匀器	常州国华电器有限公司
循环式真空抽滤泵	上海知信实验仪器技术有限公司
SpectraMax-M5 多功能酶标仪	美国分子仪器上海有限公司
水浴锅	上海况胜事业发展有限公司
SCIENTZ-IID 超声波细胞粉碎机	宁波新芝生物科技股份有限公司
数显电热培养箱	上海博迅实业有限公司设备厂
电热鼓风干燥箱	上海博迅实业有限公司设备厂
pH 调节仪	丹佛仪器（北京）有限公司

实验基础培养基为 BG11 培养基，其配方见表 2-3。

表 2-3　BG11 培养基配方

药品名称	含量
$NaNO_3$	1.5 g
K_2HPO_4	0.04 g
$MgSO_4 \cdot 7H_2O$	0.075 g
$CaCl_2 \cdot 7H_2O$	0.036 g
Na_2CO_3	0.02 g
柠檬酸	0.006 g
柠檬酸铁铵	0.006 g
A_5	1 mL
EDTA	0.001 g
超纯水	1 L

2.2.4 藻种预培养

在无菌条件下，将四尾栅藻、斜生栅藻、普通小球藻、拟小球藻和绿球藻分别接种至装有 BG11 培养基的 250 mL 锥形瓶中，于光照培养箱中进行活化培养，培养温度 25℃，光照强度 3 000 lx，光暗周期比为 14 h∶10 h，静置培养，每天 8 时、14 时、20 时手动摇动 3 次，使藻细胞均匀悬浮，镜检无细胞团，至对数生长期时进行后续实验研究。

2.2.5 藻种培养及接种

当 5 种微藻在 BG11 培养基中处于生长的对数期时，分别将 5 种微藻于 5 000 r/min 离心后收集，注入去离子水后再离心，转速为 5 000 r/min。然后，将 5 种微藻接种至含有 500 mL 水产养殖废水的 1 000 mL 锥形瓶中。5 种微藻起始接种浓度均为 100 mg/L，考虑到该水产养殖废水中含有 70 mg/L 的悬浮固体（主要由藻类、细菌及固体残渣构成），因此水产养殖废水中的悬浮固体含量在接种后达到 170 mg/L。设置 2 个重复组，置于恒温摇床上，转速为 160 r/mim，培养温度为 25℃，光照强度 3 000 lx，光暗周期比为 14 h∶10 h。水产养殖废水在实验前未进行灭菌处理。

为了研究微藻起始接种浓度对水产养殖废水的处理效果，分别设置 6 个起始接种浓度梯度：0、25 mg/L、50 mg/L、100 mg/L、200 mg/L 和 400 mg/L。每个浓度梯度设置 2 个重复组，培养条件与上述实验一致。

2.2.6 分析检测方法

2.2.6.1 藻细胞生物量测定

依据悬浮固体（Suspended Solid, SS）的测定方法测定藻细胞生物量（国家环境保护总局《水和废水监测分析方法》编委会，2002）。应用公式（2-1）计算微藻比生长速率，应用公式（2-2）计算微藻倍增时间：

$$\mu = \frac{\ln N_{T_2} - \ln N_{T_1}}{T_2 - T_1} \qquad (2-1)$$

$$T_d = \frac{0.693}{\mu} \qquad (2-2)$$

式中，T_1、T_2 为培养时间（d）；N_{T_2}、N_{T_1} 为第 T_2 天和 T_1 天藻细胞干重（mg/L）；μ 为微藻比生长速率（d^{-1}）；T_d 为倍增时间（d）。

2.2.6.2　水质指标的测定

微藻悬浮液经 5 000 r/min 离心 5 min，采用 0.45 μm 滤膜将上清液过滤，过滤之后的上清液用于化学需氧量、硝氮、亚硝氮、氨氮和总磷的测定，所有指标测定均参照中国国家标准检测方法进行（国家环境保护总局《水和废水监测分析方法》编委会，2002）。pH、电导率、温度和溶解氧的测定采用 DZB-718 便携式多参数分析测定仪（上海 INESA 科学仪器有限公司，中国）。

2.2.6.3　细菌和微藻计数

采用异养细菌平板计数法测定细菌数量。利用固定在显微镜目镜端的 CCD（DP72，Olympus，日本东京）数码相机计数微藻细胞数量。微藻的鉴定与分类参照《中国淡水藻志　第八卷　绿藻门　绿球藻目（上）》（毕列爵等，2004）、《中国淡水藻志　第六卷　裸藻门》（施之新，1999）、《中国淡水藻志　第十六卷　硅藻门　桥弯藻科》（施之新，2013）和《中国淡水藻志　第九卷　蓝藻门　藻殖段纲》（朱浩然，2007）。

2.2.6.4　叶绿素含量及叶绿素荧光参数的测定

叶绿素含量的测定：藻细胞悬液采用转速为 4 500 r/min，离心 15 min，弃去上清液，加入 95% 乙醇。将样品存放于 4℃黑暗条件下24 h，然后以 8 000 r/min 离心 10 min。采用紫外可见光分光光度计（TU-1810 DAPC，北京普析通用仪器有限责任公司，中国）于 649 nm 和 665 nm 下，用95%乙醇溶液作为空白对照进行测定。叶绿素 a 和叶绿素 b 计算公式为：

$$Chlorophyll - a = 13.95A_{665} - 6.88A_{649}$$
$$Chlorophyll - b = 24.96A_{649} - 7.32A_{665}$$

叶绿素荧光参数的测定：取藻液 3 mL 于 10 mL 离心管中，暗处理 30 min 后，避光条件下采用手持式叶绿素荧光测量仪（捷克，AquaPen-C AC100）对藻样进行荧光参数的测定。

2.2.6.5   游离氨浓度的测定

应用公式（2-3）和公式（2-4）计算养殖废水中游离氨浓度（Anthonisen et al., 1976）：

$$[NH_3 - N] = \frac{TAN \times 10^{pH}}{K_b/K_w + 10^{pH}} \tag{2-3}$$

$$\frac{K_b}{K_w} = e^{(6\,344/273+t)} \tag{2-4}$$

式中，NH_3-N 和 TAN 分别为养殖废水中的游离氨浓度和氨氮浓度；K_b 和 K_w 分别为氨平衡方程和水的电离常数；t 为溶液的温度。

2.2.7   实验数据处理

本研究中，测量值采用平均数标准差表示，数据分析采用 SPSS 19.0 进行方差分析，为了使数据更具有统计学意义，我们选择 95% 的置信区间，即 $p<0.05$。用 SPSS 19.0 进行线性回归相关性分析，$p<0.05$ 时呈显著正相关。利用 Origin 8.5 软件进行实验数据作图。

2.3　实验结果

2.3.1　5 种微藻在水产养殖废水中的生长状况及污染物降解特性研究

如图 2-1 所示，5 种微藻在水产养殖废水中的生长状况良好，说明本实验所用 5 种微藻能很好地适应水产养殖废水。然而，这 5 种微藻的生长状况存在一定差异。经过 5 d 的培养，拟小球藻和绿球藻的干重分别达到

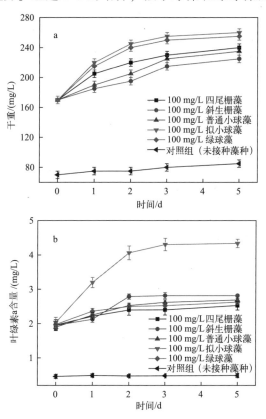

图 2-1　5 种微藻在水产养殖废水中的生长状况及叶绿素含量（一）

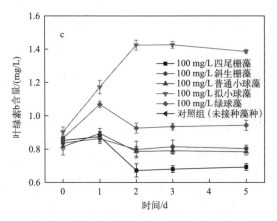

图 2-1　5 种微藻在水产养殖废水中的生长状况及叶绿素含量（二）

260 mg/L 和 255 mg/L；四尾栅藻和普通小球藻的干重相对较低，分别为 240 mg/L 和 235 mg/L；斜生栅藻的干重缓慢增加至 225 mg/L。

比生长速率和倍增时间可以进一步反映藻细胞生长状况。拟小球藻的比生长速率最高（表 2-4），为 0.106 d^{-1}；普通小球藻、四尾栅藻和绿球藻的比生长速率分别为 0.081 d^{-1}、0.086 d^{-1} 和 0.101 d^{-1}；斜生栅藻比生长速率最低，仅为 0.070 d^{-1}。拟小球藻倍增时间最短仅为 6.53 d，绿球藻、四尾栅藻和普通小球藻倍增时间分别为 8.56 d、8.04 d 和 6.84 d。与其他 4 种微藻相比较，斜生栅藻倍增时间最长，为 9.89 d。很明显，拟小球藻在水产养殖废水中有着较高的生长潜能。拟小球藻的叶绿素 a 含量和叶绿素 b 含量更进一步表明（图 2-1b 和图 2-1c），该藻种在水产养殖废水中生长状况良好。有文献报道（Li et al., 2011；Abou-Shanab et al., 2013），在市政污水和养猪废水中，藻种的筛选对其生长有着一定的影响。因为，选择适宜在水产养殖废水中生长的藻种是很有必要的。

表 2-4　5 种微藻在水产养殖废水中的比生长速率和倍增时间

藻种	接种浓度/（mg/L）	比生长速率/d^{-1}	倍增时间/d
四尾栅藻	100	0.086 ± 0.002[c]	8.04 ± 0.01[c]
斜生栅藻	100	0.070 ± 0.013[e]	9.89 ± 0.09[a]

续表

藻种	接种浓度/(mg/L)	比生长速率/d^{-1}	倍增时间/d
普通小球藻	100	0.081 ± 0.008^{cd}	6.84 ± 0.04^{d}
拟小球藻	100	0.106 ± 0.003^{a}	6.53 ± 0.08^{e}
绿球藻	100	0.101 ± 0.009^{ab}	8.56 ± 0.13^{b}

注：同一列中不同字母的数值代表差异性显著（$p<0.05$）。

本实验采用的水产养殖废水中含有大量微藻。该水产养殖废水中藻类主要由蓝藻门、绿藻门、硅藻门和裸藻门构成。其中，蓝藻门所占比例较大，为 86.65%（图 2-2a），绿藻门在水产养殖废水中占 9.92%（图 2-2a）。硅藻门和裸藻门所占比例较小，合计仅占总数的 3.43%。上述结果表明，在该水产养殖废水中，蓝藻门为主要群体。在实验至第 5 天时，蓝藻门和绿藻门细胞数量分别为 25.56×10^{6} 个/L 和 2.82×10^{6} 个/L，占藻细胞总数的 87.59% 和 9.66%（图 2-2a）。相比于最初的水产养殖废水，蓝藻藻细胞密度明显增加（$p<0.05$）。说明该水产养殖废水中的营养物质对蓝藻的生长有明显的促进作用。

将 5 种微藻分别接入养殖废水中，随着培养天数的增加，各实验组中绿藻数量逐渐增加。实验至第 5 天，四尾栅藻实验组，蓝藻门和绿藻门数量分别为 18.13×10^{6} 个/L 和 34.72×10^{6} 个/L，占藻细胞总数的 33.89% 和 64.89%（图 2-2b）。斜生栅藻实验组，蓝藻门和绿藻门数量分别为 18.12×10^{6} 个/L 和 33.18×10^{6} 个/L，占藻细胞总数的 34.94% 和 63.98%（图 2-2c）。普通小球藻实验组，蓝藻门和绿藻门数量分别为 16.58×10^{6} 个/L 和 34.86×10^{6} 个/L，占藻细胞总数的 31.84% 和 66.96%（图 2-2d）。拟小球藻实验组，蓝藻门和绿藻门数量分别为 16.92×10^{6} 个/L 和 37.06×10^{6} 个/L，占藻细胞总数的 31.01% 和 67.93%（图 2-2e）。绿球藻实验组，蓝藻门和绿藻门数量分别为 17.25×10^{6} 个/L 和 35.92×10^{6} 个/L，占藻细胞总数的 32.13% 和 66.90%（图 2-2f）。5 种微藻接种至该水产养殖废水中，经过 5 d 的培养，各实验组蓝藻门数量均显著低于对照组（$p<0.05$）。上述结果表明，将 5 种微藻接入该水产养殖废水后，蓝藻生长受到抑制，绿藻生长状况良好。相比于其他 4 种微藻，拟小球藻生长

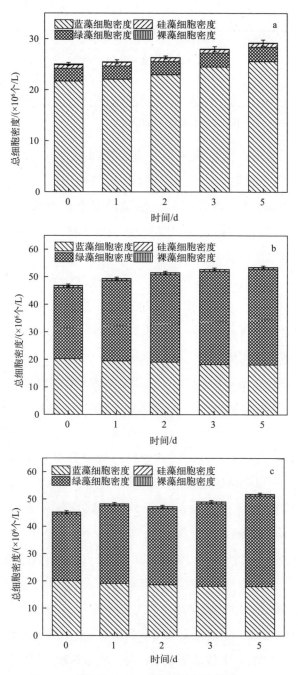

图 2-2 养殖废水中 5 种微藻的细胞数量（一）

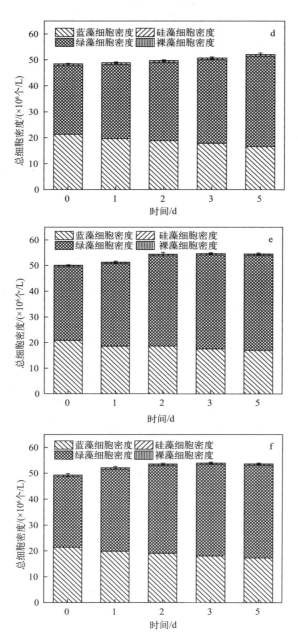

图 2-2　养殖废水中 5 种微藻的细胞数量（二）

a：对照组；b：四尾栅藻组；c：斜生栅藻组；d：普通小球藻组；

e：拟小球藻组；f：绿球藻组

状况最佳，能够很好地抑制水产养殖废水中蓝藻的生长。

5 种微藻在水产养殖废水中对污染物的去除效果如图 2-3 所示。经过

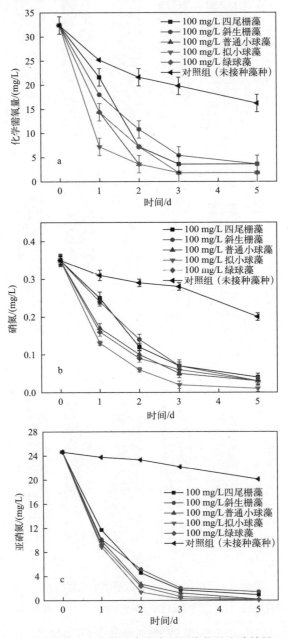

图 2-3   5 种微藻在水产养殖废水中对污染物的去除效果（一）

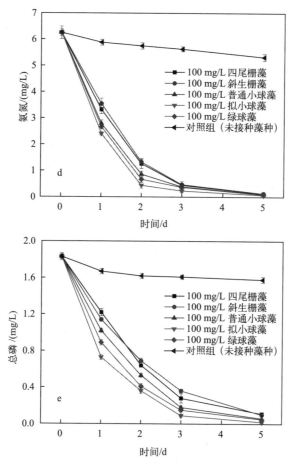

图 2-3　5 种微藻在水产养殖废水中对污染物的去除效果（二）

5 d的培养，普通小球藻实验组化学需氧量、硝氮、亚硝氮、氨氮和总磷分别从 32.4 mg/L、0.35 mg/L、24.65 mg/L、6.25 mg/L 和 1.83 mg/L 下降到 1.80 mg/L、0.03 mg/L、0.18 mg/L、0.1 mg/L 和 0.06 mg/L。实验结果显示，普通小球藻实验组化学需氧量、硝氮、亚硝氮、氨氮和总磷的去除率分别为 94.4%、91.43%、99.27%、98.4% 和 96.72%。绿球藻实验组化学需氧量、硝氮、亚硝氮、氨氮和总磷分别从 32.4 mg/L、0.35 mg/L、24.65 mg/L、6.25 mg/L 和 1.83 mg/L 下降到 1.8 mg/L、0.03 mg/L、

0. 13 mg/L、0. 09 mg/L 和 0. 05 mg/L。绿球藻试验组化学需氧量、硝氮、亚硝氮、氨氮和总磷的去除率分别为 94. 44%、91. 43%、99. 47%、98. 56%和 97. 27%。拟小球藻实验组化学需氧量、硝氮、亚硝氮、氨氮和总磷的去除率分别为 94. 44%、97. 14%、99. 80%、98. 89%和 98. 91%。斜生栅藻实验组化学需氧量、硝氮、亚硝氮、氨氮和总磷的去除率分别为 88. 89%、88. 57%、94. 28%、97. 92%和 90. 16%。四尾栅藻实验组化学需氧量、硝氮、亚硝氮、氨氮和总磷的去除率分别为 94. 44%、94. 29%、98. 90%、96. 32%和 95. 08%。对照组的化学需氧量、硝氮、亚硝氮、氨氮和总磷的去除率分别为 50%、42. 86%、18. 49%、42. 86%和 13. 67%。基于以上结果，本实验所选用的 5 种微藻，尤其是拟小球藻对水产养殖废水中污染物有良好的去除能力。

如表 2-5 所示，经过 5 d 的培养，原水产养殖废水中的游离氨的浓度为 0. 587 4 mg/L，这显然不利于水中鱼类的生长。将实验所用 5 种微藻接入水产养殖废水中，水中游离氨浓度降至 0. 002 4~0. 004 4 mg/L（$p<0.05$），该值未超过中国渔业水质标准（0. 02 mg/L）。同样，水中亚硝氮浓度显著低于未接种微藻的养殖废水（$p<0.05$）。此外，拟小球藻实验组亚硝氮含量最低（表 2-5）。很明显，接种 5 种微藻的水产养殖废水中残留的亚硝氮和游离氨不会影响鱼类的生长。

表 2-5　5 种微藻培养结束后水产养殖废水中的游离氨和亚硝氮浓度

藻种	游离氨浓度/（mg/L）	亚硝氮浓度/（mg/L）
四尾栅藻	0. 004 4±0. 000 12[b]	0. 31 ± 0. 01[c]
斜生栅藻	0. 003 9±0. 000 31[b]	0. 41 ± 0. 014[b]
普通小球藻	0. 003 9±0. 000 41[b]	0. 18 ± 0. 02[d]
拟小球藻	0. 002 4±0. 000 73[b]	0. 05 ± 0. 01[f]
绿球藻	0. 003 2±0. 000 48[b]	0. 13 ± 0. 012[de]
原水	0. 587 4±0. 000 49[a]	20. 09 ± 0. 023[a]

注：同一列中不同字母的数值代表差异性显著（$p<0.05$）。

2.3.2 不同起始接种浓度下拟小球藻和绿球藻降解水产养殖废水中污染物的特征研究

通过以上实验筛选出 2 种微藻，拟小球藻和绿球藻。2 种微藻在不同接种浓度下均能良好地适应水产养殖废水（图 2-4）。培养初期，2 种微藻增长迅速。经过 3 d 的培养，拟小球藻各个实验组的干重分别从 95 mg/L、120 mg/L、170 mg/L、270 mg/L 和 470 mg/L 增加至 145 mg/L、185 mg/L、255 mg/L、345 mg/L 和 530 mg/L，增加了 1.53 倍、1.54 倍、1.5 倍、1.28

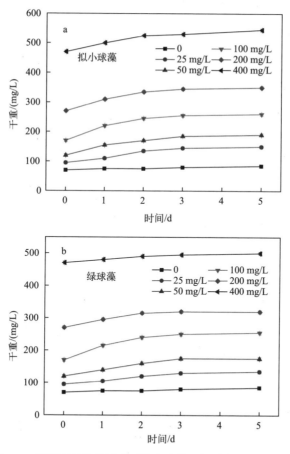

图 2-4　不同起始接种浓度下拟小球藻和绿球藻的生长特性

倍和 1.13 倍；绿球藻各实验组增加至 130 mg/L、175 mg/L、250 mg/L、320 mg/L 和 495 mg/L，增加了 1.37 倍、1.46 倍、1.47 倍、1.19 倍和 1.05 倍；对照组干重从 70 mg/L 增加至 80 mg/L，增加了 1.14 倍。培养 5 d 后，拟小球藻各个实验组的干重分别提高至 150 mg/L、190 mg/L、260 mg/L、350 mg/L 和 545 mg/L，分别增加 1.57 倍、1.58 倍、1.53 倍、1.30 倍和 1.16 倍；绿球藻各实验组的干重分别提高至 135 mg/L、180 mg/L、255 mg/L、320 mg/L 和 500 mg/L，分别增加 1.42 倍、1.5 倍、1.5 倍、1.19 倍和 1.06 倍；对照组干重提高至 85 mg/L，增加 1.21 倍。实验结果表明，拟小球藻和绿球藻吸收水产养殖废水中的污染物，同时合成自身生物量，低起始接种浓度与高起始接种浓度相比，低起始接种浓度（25~100 mg/L）的拟小球藻和绿球藻在水产养殖废水中生长速度快，生物量积累较大。

为了进一步了解不同起始接种浓度的拟小球藻和绿球藻在水产养殖废水中的生长特性，我们分析了比生长速率和倍增时间（表 2-6 和图 2-5）。随着起始接种浓度的增加，拟小球藻比生长速率从 0.122 d^{-1} 下降至 0.037 d^{-1}，倍增时间从 5.66 d 增加至 18.73 d。

表 2-6 不同起始接种浓度下拟小球藻和绿球藻的比生长速率和倍增时间

藻种	接种浓度/(mg/L)	比生长速率/d^{-1}	倍增时间/d
拟小球藻	0	0.049 ± 0.007^{de}	14.28 ± 0.03^{b}
	25	0.122 ± 0.005^{a}	5.66 ± 0.06^{e}
	50	0.114 ± 0.011^{ab}	6.03 ± 0.08^{de}
	100	0.106 ± 0.009^{ac}	6.53 ± 0.04^{d}
	200	0.064 ± 0.004^{d}	10.68 ± 0.05^{c}
	400	0.037 ± 0.006^{ef}	18.73 ± 0.14^{a}
绿球藻	0	0.049 ± 0.007^{d}	14.28 ± 0.03^{c}
	25	0.087 ± 0.012^{ac}	7.89 ± 0.09^{d}
	50	0.094 ± 0.009^{ab}	7.34 ± 0.12^{de}
	100	0.101 ± 0.014^{a}	6.84 ± 0.11^{ef}
	200	0.042 ± 0.010^{e}	16.32 ± 0.07^{b}
	400	0.015 ± 0.008^{f}	44.80 ± 0.18^{a}

注：同一列中不同字母的数值代表差异性显著（$p<0.05$）。

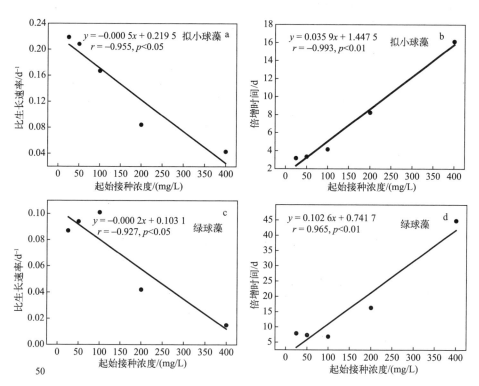

图 2-5　拟小球藻和绿球藻的起始接种浓度与生长特性的回归分析

　　拟小球藻在水产养殖废水的处理上，作为一个具有潜在应用价值的藻种，其不同起始接种浓度对养殖废水中污染物的去除效果如图 2-6 所示。大部分污染物可以在 3 d 内去除。起始接种浓度为 0~400 mg/L，化学需氧量的去除率为 38.89%~94.44%，氨氮的去除率为 9.92%~96.32%，亚硝氮的去除率为 10.06%~98.90%，硝氮的去除率为 20.00%~94.29%，总磷的去除率为 12.02%~95.08%。化学需氧量、氨氮、亚硝氮、硝氮和总磷的去除范围分别为 30.6~32.4 mg/(L·d)、6.02~6.18 mg/(L·d)、24.38~24.6 mg/(L·d)、0.33~0.34 mg/(L·d) 和 1.74~1.81 mg/(L·d)。起始接种浓度为 100 mg/L 的拟小球藻有较高的化学需氧量、氨氮、亚硝氮、硝氮和总磷的去除率，分别为 32.4 mg/(L·d)、6.18 mg/(L·d)、24.6 mg/(L·d)、0.34 mg/(L·d) 和 1.81 mg/(L·d)。

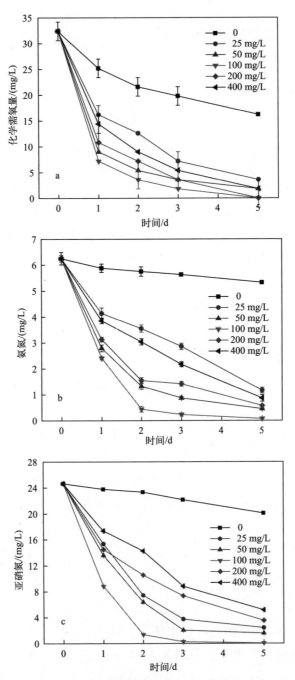

图 2-6 不同起始接种浓度下拟小球藻对污染物的去除效果（一）

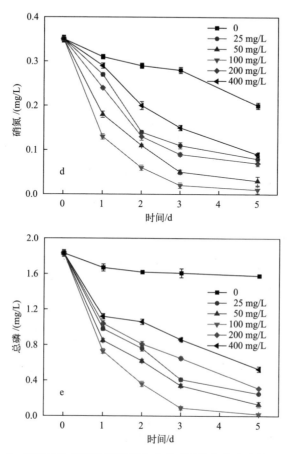

图 2-6　不同起始接种浓度下拟小球藻对污染物的去除效果（二）

　　如图 2-7 所示，培养至第 3 天，绿球藻对于化学需氧量、氨氮、亚硝氮、硝氮和总磷的去除率，分别为 88.89%、94.08%、97.44%、82.86% 和 91.80%。为了深入了解不同起始接种浓度的拟小球藻和绿球藻对水产养殖废水污物去除效果的影响，我们将对起始接种浓度与污染物去除效果进行分析。起始接种浓度为 100 mg/L 的拟小球藻和绿球藻对水产养殖废水中的化学需氧量、氨氮、亚硝氮、硝氮和总磷的去除效果好，相对其他接种浓度实验组去除效率高。

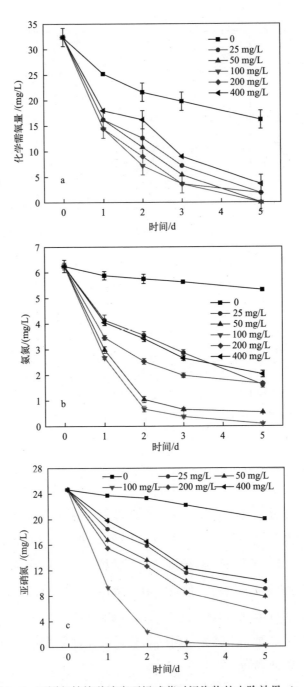

图 2-7 不同起始接种浓度下绿球藻对污染物的去除效果（一）

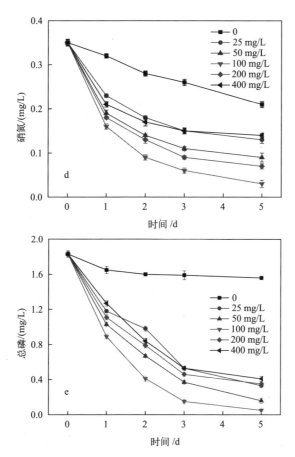

图 2-7 不同起始接种浓度下绿球藻对污染物的去除效果（二）

2.3.3 不同起始接种浓度对拟小球藻和绿球藻叶绿素含量及叶绿素荧光特征的影响

如图 2-8 所示，在培养结束时，起始接种浓度为 25 mg/L、50 mg/L、100 mg/L、200 mg/L 和 400 mg/L，其叶绿素 a 含量分别从 0.562 mg/L、1.105 mg/L、2.035 mg/L、4.018 mg/L 和 7.982 mg/L，逐渐增加至 1.298 mg/L、2.688 mg/L、4.337 mg/L、4.715 mg/L 和 8.491 mg/L。起始接种浓度为 0 时，叶绿素 a 含量从 0.458 mg/L 缓慢增加至 0.492 mg/L。

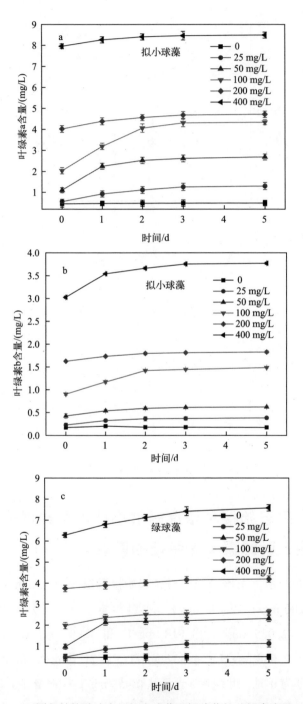

图 2-8　不同起始接种浓度下拟小球藻和绿球藻的叶绿素含量（一）

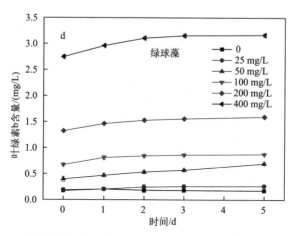

图 2-8　不同起始接种浓度下拟小球藻和绿球藻的叶绿素含量（二）

叶绿素 b 含量分别从 0.229 mg/L、0.427 mg/L、0.903 mg/L、1.627 mg/L 和 3.028 mg/L 增加至 0.384 mg/L、0.622 mg/L、1.486 mg/L、1.827 mg/L 和 3.771 mg/L。但只有起始接种浓度为 0 时，叶绿素 b 含量从 0.173 mg/L 缓慢增加至 0.175 mg/L。同样，绿球藻 25~400 mg/L 实验组叶绿素 a 含量分别从 0.481 mg/L、0.978 mg/L、1.977 mg/L、3.747 mg/L 和 6.283 mg/L 增加至 1.126 mg/L、2.308 mg/L、2.625 mg/L、4.198 mg/L 和 7.583 mg/L。叶绿素 b 含量在培养结束时各实验组增加至 0.172 mg/L、0.264 mg/L、0.698 mg/L、0.877 mg/L、1.593 mg/L 和 3.165 mg/L。实验结果表明，在水产养殖废水中，拟小球藻和绿球藻的叶绿素含量均有不同程度的增加。

　　采用叶绿素荧光参数分析不同起始接种浓度下微藻的生长状况。叶绿素荧光参数是藻细胞生理活性的重要指示参数（张守仁，1999），F_v/F_o 与 F_v/F_m 分别表示 PS Ⅱ 的潜在活性和原初光能转化效率（白志英等，2011）。如图 2-9a 和 2-9b 所示，F_v/F_o 与 F_v/F_m 的变化趋势相似，不同起始接种浓度的拟小球藻，其叶绿素荧光参数曲线有一定的差异。经过 1 d 的培养，起始接种浓度分别为 25 mg/L、50 mg/L、100 mg/L、200 mg/L 和 400 mg/L

的拟小球藻，F_v/F_m值从 0.488、0.503、0.554、0.582 和 0.628 分别增加至 0.494、0.512、0.627、0.703 和 0.568。在培养的第 2 天，起始接种浓度为 0、25 mg/L、200 mg/L 和 400 mg/L 的拟小球藻，F_v/F_m值分别下降至 0.402、0.495、0.624 和 0.693，并且随着培养时间的延长，其值逐渐下降。培养至第 5 天，50 mg/L 和 100 mg/L 的拟小球藻实验组的 F_v/F_m值分别增加至 0.544 和 0.596。经过 5 天的培养，绿球藻各实验组 F_v/F_m值分别从 0.516、0.547、0.573、0.597 和 0.641 增加至 0.531、0.557、0.592、0.652 和 0.775（图 2-9c）。F_v/F_o与 F_v/F_m的变化趋势类似（图 2-9d）。

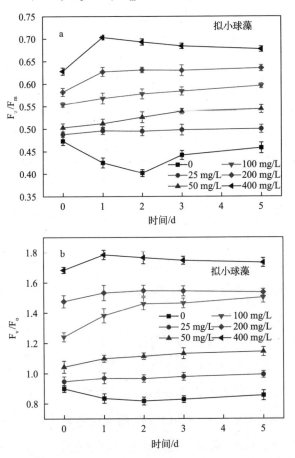

图 2-9　不同起始接种浓度下拟小球藻和绿球藻的叶绿素荧光参数特性（一）

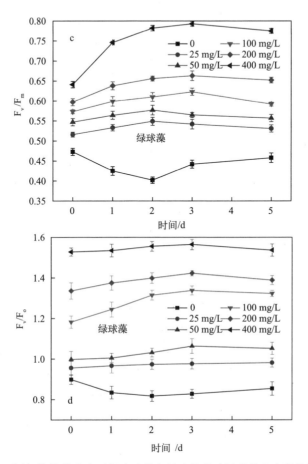

图 2-9　不同起始接种浓度下拟小球藻和绿球藻的叶绿素荧光参数特性（二）

2.4　讨论

　　基于微藻培养的水产养殖废水处理，是养殖废水处理的一个发展方向。Nasir 等（2015）和 Ansari 等（2017）曾报道过微藻在处理养殖废水方面的一些优良性能，其良好的污染去除能力证明它们生长状况良好，同时可以从养殖废水中吸收大量营养物质。本实验所采用的水产养殖废水未做任何处理，所接种的5种微藻，其比生长速率为 $0.070 \sim 0.106 \ d^{-1}$。Guerrero-Cabrera 等（2014）曾报道，在罗非鱼养殖废水中，小球藻、栅藻和单针藻的比生长速率为 $0.006 \sim 0.018 \ d^{-1}$，均显著低于本研究各实验组的比生长速率。王伟伟等（2014）报道称，湛江等边金藻处理水产养殖废水时比生长速率达到 $0.235 \ d^{-1}$，与本实验中 100 mg/L 实验组的比生长速率（$0.106 \ d^{-1}$）相近。本研究发现，不同起始接种浓度的拟小球藻和绿球藻，其藻细胞在水产养殖废水中的生长状况存在差异，相对较低起始接种浓度的拟小球藻和绿球藻生长状况良好。Pelizer 等（2003）的研究结果显示，起始接种浓度为 50 mg/L 的螺旋藻生长速度最快。同样，Nasir 等（2015）研究显示，小球藻 10%、20% 和 30% 的起始接种量比 40%、50% 和 60% 的起始接种量具有更高的增长潜力。起始接种浓度为 100 mg/L 的藻细胞比生长速率和倍增时间均优于其他实验组。随着接种浓度的增加，过高的藻浓度会造成废水中藻细胞之间营养竞争加剧并伴随有光遮阴现象（陈晓峰等，2009），使藻细胞无法进行快速增殖，进而抑制藻细胞的正常生长。叶绿素荧光参数分析结果显示，不同起始接种浓度会影响拟小球藻自身光合电子传递等过程。过高的接种浓度会导致藻细胞 PS Ⅱ 的潜在活性和原初光能转化效率降低，PS Ⅱ 的潜在光合作用能力受到抑制，光合磷酸化与光合电子传递受阻，进而使光合速率降低，抑制藻细胞的生长繁殖。因此，为了使拟小球藻和绿球藻达到较好的生长状况，在现有的培养条件下，建议采用较低的起始接种浓度（100 mg/L）。

相对于传统污水处理方法去除水产养殖废水中氮、磷和化学需氧量等，利用微藻处理水产养殖废水具有操作简便、污染物去除效率高等特点。栗越妍等（2010）研究指出，斜生栅藻、螺旋鱼腥藻、蛋白核小球藻和月牙藻对水产养殖废水中无机氮的最大去除率分别为 60.9%、30.2%、51.9% 和 43.3%，对总磷的最大去除率分别为 76.1%、49.5%、22.7% 和 54.6%。马红芳等（2012）研究了栅藻 LX1 对水产养殖废水中氮、磷的去除效果，其对硝氮、亚硝氮、氨氮和磷的去除率分别为 85.8%、96.3%、95.5% 和

98.8%。陈春云等（2009）研究了小球藻对水产养殖废水中氮、磷的去除效果，其中氨氮和磷的去除率分别达到了 80% 和 85% 以上。氮元素是水生生物的基础营养物质，同时也是生物体中所需要的重要成分之一，其在水中存在的形式以及含量对水体质量有着极其重大的影响。在本研究所筛选出的两种微藻中，拟小球藻相较于绿球藻在处理水产养殖废水时，3 种形态的氮源和总磷以及化学需氧量的去除效果明显，并且起始接种浓度为 100 mg/L 的实验组处理效果最佳，其最终去除率分别为：亚硝氮 98.9%、硝氮 94.29%、氨氮 96.32%、总磷 95.08% 和化学需氧量 94.44%，与吕福荣等（2003）研究提出的随着培养时间的增加小球藻对氮的吸收逐渐稳定的结果一致。拟小球藻对氨氮的去除率高于硝氮，这与 Dai 等（2012）和 Jampeetong 等（2012）的研究结果相一致。水生植物通常优先利用氨氮，且对氨氮的吸收速率要高于硝氮，是由于水生植物吸收氨氮时所消耗的能量较少（Liu et al.，2016；马永飞等，2017）。

第 3 章　微藻处理养牛废水中污染物的特性研究

3.1　引言

畜禽养殖废水，其成分复杂，有机物含量和氮、磷浓度较高。目前，基于微藻培养的畜禽养殖废水工艺耗时较长，处理效率较低，严重影响了该工艺的推广应用。本研究评价了 5 种绿藻对养牛废水中污染物的降解特性，并选取处理效果最佳的藻种。在此基础上，采用"废水次氯酸钠预处理-微藻处理-微藻二次处理"和"废水次氯酸钠预处理-微藻处理-生物活性炭处理"两种处理工艺，进一步强化其对养牛废水中污染物的降解效率。

3.2　实验材料与方法

3.2.1　实验材料

本研究所使用实验材料见第 2 章第 2.2.1 部分。

3.2.2　实验用水

本实验所采用的畜禽养殖废水取自山西省太原市某奶牛养殖场。在使用之前，将所取养牛废水静置 1 h，以除去较大的悬浮颗粒物，取上清液备用。其水质指标见表 3-1。

表 3-1　养牛废水特征

参数	单位	值
pH	—	7.63
水温	℃	22.4
氨氮	mg/L	656.75
硝氮	mg/L	90.75
亚硝氮	mg/L	1.06
总氮	mg/L	775.19
总磷	mg/L	756.46
化学需氧量	mg/L	10 800
溶解氧	mg/L	0.52
电导率	mS/cm	4.73
悬浮固体	mg/L	90

3.2.3　实验设备与培养基

本研究所使用实验设备和培养基见第 2 章第 2.2.3 部分。

3.2.4　藻种预培养

在无菌条件下，将四尾栅藻（*Scenedesmus quadricauda*）、斜生栅藻（*S. obliquus*）、普通小球藻（*Chlorella vulgaris*）、拟小球藻（*Parachlorella kessleri* TY）和绿球藻（*Chlorococcum sphacosum* GD）分别接种至装有 BG11 培养基的 250 mL 锥形瓶中，于光照培养箱中进行活化培养，培养温度 25℃，光照强度 3 000 lx，光暗周期比为 14 h∶10 h，静置培养，每天 8 时、14 时、20 时手动摇动 3 次，使藻细胞均匀悬浮，镜检无细胞团，至对数生长期时进行后续实验研究。

3.2.5 藻种培养及接种

当 5 种微藻在 BG11 培养基中处于对数生长期时，分别将 5 种微藻 5 000 r/min 离心后收集，注入去离子水后再离心，转速为 5 000 r/min。然后，将 5 种微藻接种至含有 500 mL 养牛废水的 1 000 mL 锥形瓶中。5 种微藻起始接种浓度均为 100 mg/L，考虑到该养牛废水中含有 90 mg/L 的悬浮固体，因此养牛废水中的悬浮固体含量在接种后达到 190 mg/L。所有实验均设置 2 个重复组，置于恒温摇床上，转速为 160 r/mim，培养温度为 25℃，光照强度 3 000 lx，光暗周期比为 14 h : 10 h。养牛废水在实验前未进行灭菌处理。

3.2.6 养牛废水的预处理

将 30% 次氯酸钠的投加量设置为 0、0.2 mL/L、0.4 mL/L、0.6 mL/L、0.8 mL/L、1 mL/L、2 mL/L、3 mL/L、4 mL/L、5 mL/L。然后，将 30% 次氯酸钠加入试验废水中，置于摇床上反应，反应时间 30 min，转速 150 r/min，温度 25℃，pH 值为 7.72。反应完成后静置 2 h，离心取上清液测定各项理化指标。

3.2.7 分析测定方法

3.2.7.1 藻细胞生物量测定

藻细胞生物量的测定参照第 2 章第 2.2.6.1 部分。

3.2.7.2 水质指标的测定

水质指标的测定参照第 2 章第 2.2.6.2 部分。

3.2.7.3　叶绿素含量和叶绿素荧光参数的测定

叶绿素含量和叶绿素荧光参数的测定参照第 2 章第 2.2.6.4 部分。

3.2.8　实验数据处理

本研究中，测量值采用平均数标准差表示，数据分析采用 SPSS 19.0 进行方差分析，为了使数据更具有统计学意义，我们选择 95% 的置信区间，即 $p < 0.05$。用 SPSS 19.0 进行线性回归相关性分析，$p < 0.05$ 时呈显著正相关。利用 Origin 8.5 软件进行实验数据作图。

3.3　实验结果

3.3.1　5 种微藻在养牛废水中的生长状况及污染物降解特性

5 种微藻在养牛废水中的生长状况如图 3-1 所示。经过 4 d 的培养，各实验组藻细胞浓度均明显升高。拟小球藻、普通小球藻和绿球藻的干重分别增至 1 212.5 mg/L、1 182.5 mg/L 和 1 207.5 mg/L。四尾栅藻和斜生栅藻干重相对较低，为 1 032.5 mg/L 和 927.5 mg/L。

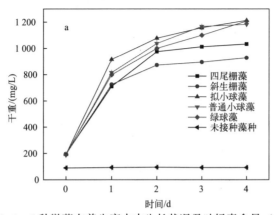

图 3-1　5 种微藻在养牛废水中生长状况及叶绿素含量（一）

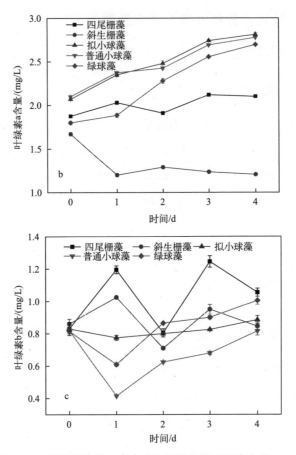

图 3-1　5 种微藻在养牛废水中生长状况及叶绿素含量（二）

　　藻细胞的生长情况还可通过比生长速率和倍增时间进一步反映。拟小球藻、普通小球藻和绿球藻的比生长速率和倍增时间基本相同（表 3-2），分别为 0.623 d^{-1}、0.618 d^{-1}、0.616 d^{-1} 和 1.110 d、1.122 d、1.124 d。四尾栅藻和斜生栅藻比生长速率相对较低，为 0.571 d^{-1} 和 0.551 d^{-1}，倍增时间较高，为 1.212 d 和 1.258 d。拟小球藻、普通小球藻和绿球藻叶绿素 a 的增长进一步显示，3 种微藻均能在养牛废水中正常生长，且生长状况良好。

表 3-2　5 种微藻在养牛废水中的比生长速率和倍增时间

藻种	接种浓度/(mg/L)	比生长速率/d⁻¹	倍增时间/d
四尾栅藻	100	0.571 ± 0.011	1.212 ± 0.023
斜生栅藻	100	0.551 ± 0.004	1.258 ± 0.009
普通小球藻	100	0.618 ± 0.005	1.122 ± 0.010
拟小球藻	100	0.623 ± 0.007	1.110 ± 0.012
绿球藻	100	0.616 ± 0.006	1.124 ± 0.010

　　5 种微藻对养牛废水中污染物的去除效果如图 3-2 所示。经过 4 d 的培养，四尾栅藻实验组化学需氧量、硝氮、亚硝氮、氨氮、总氮和总磷分别从 10 248 mg/L、92.65 mg/L、1.25 mg/L、662.56 mg/L、774.09 mg/L 和 85.09 mg/L 下降到 4592 mg/L、2.34 mg/L、0.43 mg/L、150.89 mg/L、168.25 mg/L 和 15.73 mg/L。四尾栅藻实验组化学需氧量、硝氮、亚硝氮、氨氮、总氮和总磷的去除率分别为 55.19%、97.47%、65.86%、77.23%、78.26% 和 81.51%。斜生栅藻实验组化学需氧量、硝氮、亚硝氮、氨氮、总氮和总磷的去除率分别为 20.77%、96.37%、54.8%、71.19%、73.36% 和 62.37%。拟小球藻实验组化学需氧量、硝氮、亚硝氮、氨氮、总氮和总磷的去除率分别为 25.95%、98.05%、54.8%、73.23%、75.89% 和 80.69%。普通小球藻实验组化学需氧量、硝氮、亚硝氮、氨氮、总氮和总磷的去除率分别为 62.29%、98.68%、81.16%、73.23%、81.98% 和 85.29%。绿球藻化学需氧量、硝氮、亚硝氮、氨氮、总氮和总磷的去除率分别为 46.99%、98.16%、81.27%、73.38%、75.49% 和 81.38%。基于以上实验结果，本实验所选用的 5 种微藻中，普通小球藻对养牛废水中污染物有良好的去除能力。

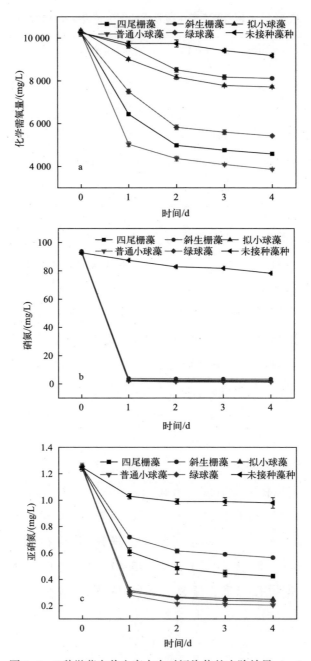

图 3-2 5 种微藻在养牛废水中对污染物的去除效果（一）

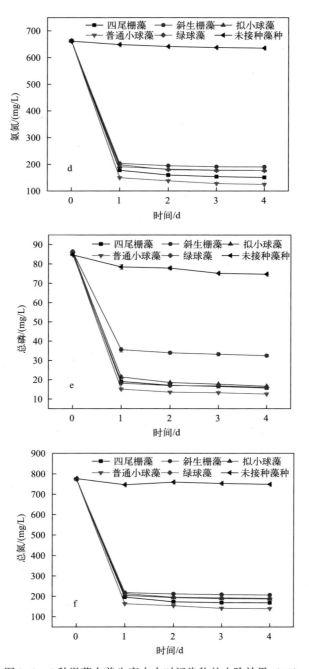

图 3-2　5 种微藻在养牛废水中对污染物的去除效果（二）

3.3.2 不同起始接种浓度下普通小球藻在养牛废水中的生长状况及污染物降解特性

上述实验所采用的 5 种微藻在净化水质方面基本达到饱和，难以进一步对水中污染物含量进行去除。因此基于以上实验筛选出去污能力较佳藻种，即普通小球藻。通过对普通小球藻设置不同起始接种浓度，来探究其对养牛废水的处理效果。实验至第 1 天，普通小球藻增长迅速。经过 4 d 的培养，各个实验组的干重分别从 190 mg/L、240 mg/L、290 mg/L、340 mg/L、390 mg/L、440 mg/L、490 mg/L、590 mg/L 和 690 mg/L 增加至 1 125 mg/L、1 210 mg/L、1 280 mg/L、1 290 mg/L、1 350 mg/L、1 414 mg/L、1 505 mg/L、1 540 mg/L 和 1 585 mg/L（图 3-3）。叶绿素 a 含量随着培养天数和接种浓度的增加而逐渐升高，各实验组之间增长趋势无明显差异。叶绿素 b 含量在实验第一天有所下降，在第 4 天有所升高，相较初始含量增加不明显。实验结果表明，普通小球藻可以吸收养牛废水中的污染物，同时合成自身生物量，藻细胞生物量的积累与起始接种浓度无明显关系。

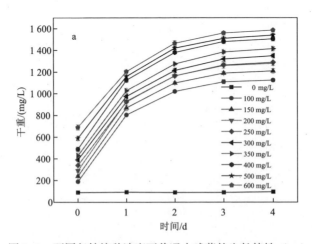

图 3-3 不同起始接种浓度下普通小球藻的生长特性（一）

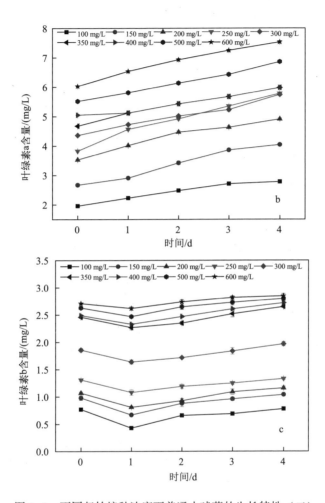

图 3-3　不同起始接种浓度下普通小球藻的生长特性（二）

　　为了进一步了解不同起始接种浓度的普通小球藻在养牛废水中的生长特性，其比生长速率和倍增时间见图 3-4 和表 3-3。随着起始接种浓度的增加，比生长速率与倍增时间变化明显。由此说明，在养牛废水中控制普通小球藻起始接种浓度对藻细胞的生长有明显影响。

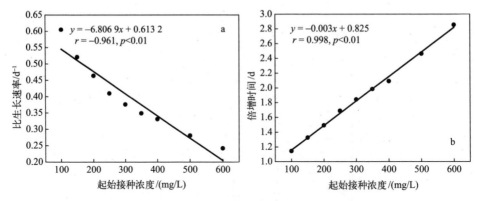

图 3-4　普通小球藻的接种浓度与生长特性的回归分析

表 3-3　不同起始接种浓度下普通小球藻的比生长速率和倍增时间

普通小球藻接种浓度/(mg/L)	比生长速率/d^{-1}	倍增时间/d
100	0.605 ± 0.013	1.145 ± 0.005
150	0.521 ± 0.007	1.327 ± 0.006
200	0.464 ± 0.003	1.493 ± 0.003
250	0.410 ± 0.010	1.689 ± 0.005
300	0.376 ± 0.006	1.843 ± 0.007
350	0.349 ± 0.004	1.984 ± 0.003
400	0.331 ± 0.005	2.092 ± 0.006
500	0.281 ± 0.003	2.464 ± 0.004
600	0.242 ± 0.002	2.854 ± 0.008

　　普通小球藻在养牛废水的处理上，作为一个具有潜在应用价值的藻种，其不同起始接种浓度对养牛废水中污染物的去除效果如图 3-5 所示。由图可见，大部分污染物可以在 1 d 内去除。各实验组化学需氧量的去除率为 58.84%~66.29%，氨氮的去除率为 76.94%~86.29%，亚硝氮的去除率为 77.88%~80.77%，硝氮的去除率为 96.84%~97.17%，总磷的去除率为 84.01%~85.19%。从第 2 天开始至第 4 天结束，各污染物去除趋势平缓，基本达到各污染指标的最大去除效率，各实验组之间去除效果无明显差异。

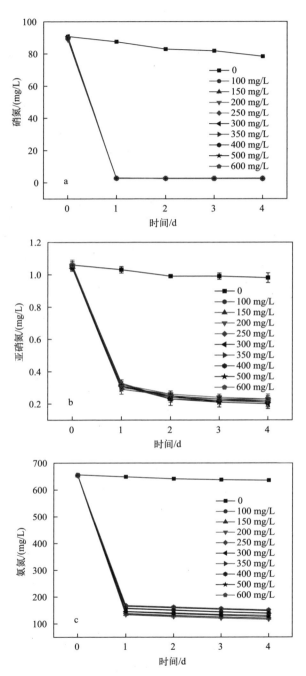

图 3-5　不同起始接种浓度下普通小球藻对污染物的去除效果（一）

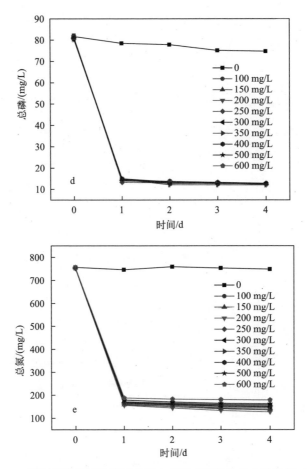

图 3-5　不同起始接种浓度下普通小球藻对污染物的去除效果（二）

3.3.3　普通小球藻对预处理后养牛废水的利用特性研究

为了进一步探究如何高效去除养牛废水中的污染物，本实验采用 30% 次氯酸钠对养牛废水进行预处理，然后将普通小球藻接种至经 30% 次氯酸钠预处理的养牛废水中，培养数天，测定藻细胞生长状况与废水中污染物去除效果。经 30% 次氯酸钠预处理的养牛废水，其研究结果如表 3-4 所示。

表 3-4　30%次氯酸钠对养牛废水中污染物去除效果的影响

30%次氯酸钠 /(mL/L)	化学需氧量 /(mg/L)	五日生化需氧量 /(mg/L)	总氮 /(mg/L)	总氮 /(mg/L)	硝氮 /(mg/L)	亚硝氮 /(mg/L)	总磷 /(mg/L)	pH 值
0	9 972	4 248	748.24	643.88	89.63	1.14	79.37	7.72
0.2	9 540	4 140	674.12	588.38	83.38	0.54	78.21	7.55
0.4	8 892	3 888	635.62	550.28	82.51	0.36	78.05	7.36
0.6	7 812	3 600	605.84	518.74	80.16	0.11	76.16	7.13
0.8	7 668	3 456	572.36	486.16	80.24	0.01	75.54	6.98
1	6 588	2 988	534.57	467.65	78.36	0.01	76.27	6.45
2	6 552	2 952	512.84	428.84	77.28	0	75.29	5.82
3	6 480	2 880	452.15	372.38	76.28	0	74.68	5.35
4	5 976	2 664	366.28	284.52	74.03	0	75.25	4.86
5	5 544	2 520	287.06	210.37	73.31	0	75.72	4.45

废水中化学需氧量、总氮、氨氮、硝氮、亚硝氮的去除量随着 30%次氯酸钠投加量的增加而逐渐增加，pH 逐渐降低，对总磷的去除效果不明显。当投加量为 2 mL/L、3 mL/L、4 mL/L 和 5mL/L 时，废水中亚硝氮含量为 0，说明当 30%次氯酸钠投加量为 2 mL/L 时，已经将废水中亚硝氮完全去除。通过添加 30%次氯酸钠，提高了废水的可生化性，其中 0.6 mL/L、0.8 mL/L、1 mL/L、2 mL/L 和 5 mL/L 的五日生化需氧量/化学需氧量值相差较小，0.6 mL/L 实验组五日生化需氧量/化学需氧量值相对较高，但随着 30%次氯酸钠投加量的增加，经济成本逐渐增加，对水体危害较大。综合考虑，本实验选取投加量 0.6 mL/L 为最佳浓度。

将生长至对数期的普通小球藻接种至经 0.6 mL/L 的 30%次氯酸钠预处理的养牛废水中，藻细胞接种浓度为 200 mg/L，培养数天，同时测定藻细胞生长状况和废水中污染物去除情况。

实验结果见图 3-6。实验至第 1 天，藻细胞增长迅速，干重增长至

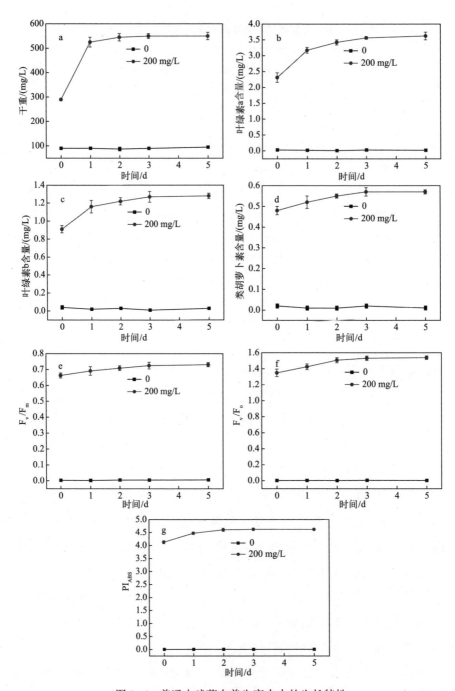

图 3-6　普通小球藻在养牛废水中的生长特性

525 mg/L，随着培养时间的增加，藻细胞无明显增加，生长趋势平缓。实验至第 5 天，藻细胞干重为 550 mg/L。叶绿素 a 含量和叶绿素 b 含量在第 1 天增加迅速，分别达到 3.17 mg/L 和 1.16 mg/L。随着培养天数的增加，叶绿素含量增长缓慢。实验至第 5 天，叶绿素 a 含量和叶绿素 b 含量分别为 3.62 mg/L 和 1.28 mg/L。类胡萝卜素含量在前 3 天都处于增长趋势，在第 3 天达到最大值为 0.57 mg/L。F_v/F_m 变化趋势与 F_v/F_o 类似。培养至第 5 天，分别由初始值 0.663 和 1.349 增长至 0.731 和 1.539。PI_{ABS} 在第 1 天增长迅速，从第 2 天开始增加缓慢，在第 4 天达到最大值 4.619。

　　本实验分析了接种浓度为 200 mg/L 的普通小球藻对养牛废水中化学需氧量、硝氮、亚硝氮、氨氮、总氮和总磷降解特性的影响，结果如图 3-7 所示。废水中大部分污染已在第 1 天去除，化学需氧量、硝氮、亚硝氮、氨氮、总氮和总磷含量分别降至 3 276 mg/L、8.27 mg/L、0.03 mg/L、138.85 mg/L、152.94 mg/L 和 17.45 mg/L。从第 2 天开始，各污染物去除效果不明显，降解趋势趋于平缓。实验至第 5 天，测定废水中各污染物最终值，含量分别为化学需氧量 2 808 mg/L、硝氮 5.16 mg/L、亚硝氮 0、氨氮 133.41 mg/L、总氮 140.78 mg/L 和总磷 14.69 mg/L。废水中化学需氧量、硝氮、亚硝氮、氨氮、总氮和总磷最大去除率分别为 63.13%、93.56%、100%、74.28%、76.76% 和 80.71%。经过 5 d 的培养，对照组化学需氧量、硝氮、亚硝氮、氨氮、总氮和总磷的自然降解率分别为 12.44%、12.43%、27.27%、4.51%、6.06% 和 8.55%。

　　实验至第 2 天，各污染物去除效果基本达到最佳，此后无明显下降趋势。因此，考虑通过二次接藻继续处理该废水。如图 3-8 所示，二次接藻的浓度为 200 mg/L。实验第 1 天，藻细胞增长明显，增长量为 80 mg/L，实验至第 3 天，藻细胞生长量为 400 mg/L，基本达到最大生物量。叶绿素 a 含量、叶绿素 b 含量和类胡萝卜素含量增长趋势与藻细胞生长趋势相似，各值均有所提升，相比初始值分别增加了 18.5%、17.2% 和 13.3%。F_v/F_m、F_v/F_o 和 PI_{ABS} 值均随着实验天数的增加而升高，最终值分别为 0.683、1.382 和 4.221。以上实验数据表明，第二次接入普通小球藻，该藻种在废水中可以正常生长，同时藻细胞干重增加，叶绿素 a 含量、叶绿素 b 含量、类胡萝卜素含量、F_v/F_m、F_v/F_o 和 PI_{ABS} 值均有所升高，藻细胞活性较好。

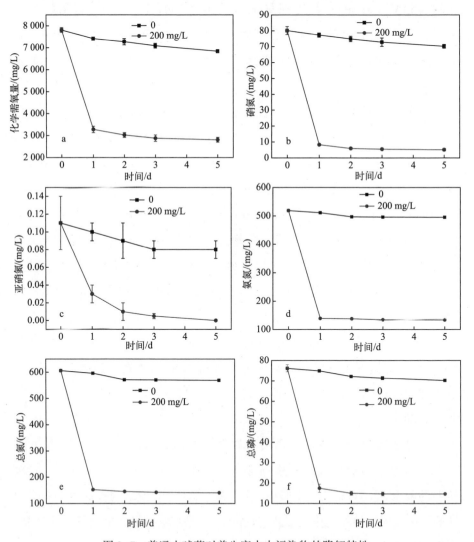

图 3-7　普通小球藻对养牛废水中污染物的降解特性

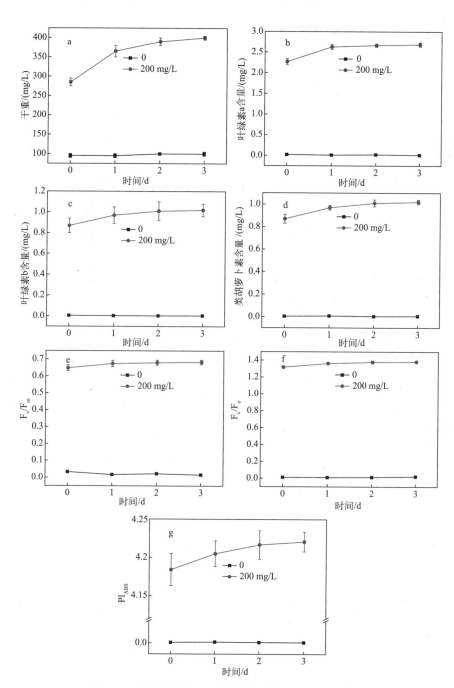

图 3-8　普通小球藻在处理后的养牛废水中的生长特性

如图 3-9 所示，第二次接入普通小球藻时，各项理化指标与对照组相比较，下降趋势明显。实验至第 3 天，实验组各污染物的去除基本达到最大去除效率，化学需氧量从 3 024 mg/L 降至 612 mg/L，去除率为

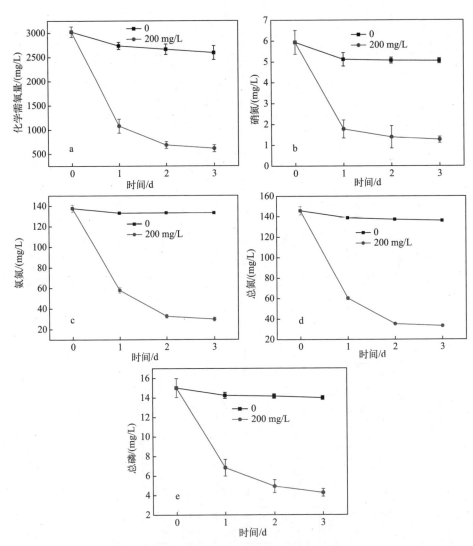

图 3-9　普通小球藻对处理后的养牛废水中污染物的降解特性

79.76%；硝氮从 5.94 mg/L 降至 1.26 mg/L，去除率为 78.79%；氨氮从 137.71 mg/L 降至 29.73 mg/L，去除率为 78.41%；总氮从 145.77 mg/L 降至 33.19 mg/L，去除率为 77.23%；总磷从 15.01 mg/L 降至 4.26 mg/L，去除率为 71.62%。以上实验数据表明，通过二次接入普通小球藻，可以在较短时间内最大化地去除废水中各项污染物，从而达到净化水质的效果。

此外，我们也考虑通过活性炭继续处理该废水。本实验所选用的活性炭为纯椰壳活性炭，直径为 4~5 mm，经超纯水清洗 5~6 次至不再褪色后，放置 24 h 晾干，活性炭的投加量分别设置为 1 g/L、10 g/L、20 g/L、40 g/L、80 g/L 和空白对照组，每个投加量设置 2 个平行组。将活性炭投加至废水中置于恒温振荡器中，温度 25℃，转速 150 r/min，pH 值为 5.25。取样测量时间为 10 min、20 min、30 min、120 min、240 min、480 min、720 min 和 1 440 min。废水中各项污染物去除效果如图 3-10 所示。各污染物在前 30 min 去除效果不明显，但随着时间的增加，污染物在 2 h 时下降明显，污染物去除效果也随着活性炭投加量的增加而变强。当实验时间为 12 h 时，化学需氧量、硝氮、氨氮、总氮和总磷的去除效果基本达到最大，化学需氧量降至 720~2 880 mg/L，硝氮降至 1.74~5.89 mg/L，总氮降至 92.61~143.26 mg/L，总磷降至 7.67~14.36 mg/L。实验至 24 h 时，化学需氧量、硝氮、氨氮、总氮和总磷的最大去除率分别为 77.38%、71.04%、36.56%、38.57% 和 54.23%。空白对照组中污染物无明显下降趋势。在投加活性炭的各实验组中，pH 值均有所升高，并且随着活性炭投加量的增加而逐渐增加。以上实验数据说明纯椰壳活性炭对养牛废水中污染物的去除有一定的效果，并且随着活性炭投加量的增加，在相同时间内去除废水中污染物能力逐渐增强。而且，活性炭在去除废水污染物的同时，对 pH 有一定的调节作用。

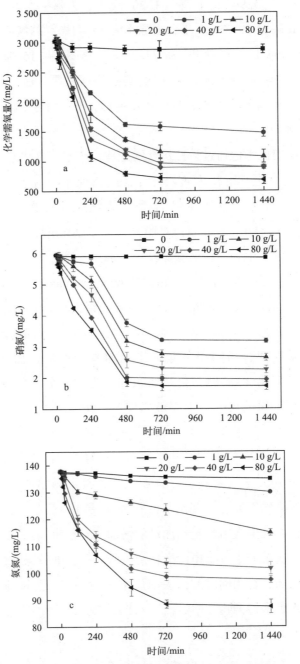

图 3-10　椰壳活性炭对处理后的养牛废水中污染物的降解特性（一）

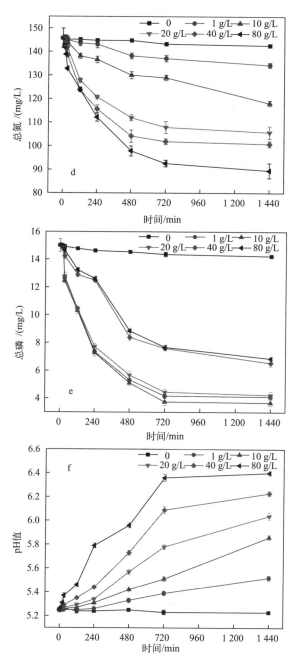

图 3-10 椰壳活性炭对处理后的养牛废水中污染物的降解特性（二）

3.4 讨论

畜禽养殖废水是较难处理的废水，其废水成分复杂，有机物含量、氮、磷浓度较高，未经过妥善处理的排放，其较高含量的有机物、高浓度的氮和磷将对环境造成严重危害（例如：地下水污染，水体富营养化等问题）。

基于微藻培养的畜禽养殖废水处理是养殖废水处理的一个发展方向。徐畅（2014）研究了斜生栅藻在不同稀释浓度下养猪沼液中的生长变化与水质净化效果，同时运用不同处理方法去除沼液中的氨氮。在稀释浓度为30%时，藻细胞生长状况最佳，各污染物去除效率最好，总磷的最大去除率为55.29%，氨氮的最大去除率为38.39%，总氮的最大去除率为43.55%。陈友岚等（2016）通过正交试验探讨了丝状藻：鞘藻（*Oedogonium*）、颤藻（*Oscillatoria*）和水网藻（*Hydrodictyon reticulatum*）对经沉淀过滤稀释后的养猪废水的处理效果。黄学平等（2015）运用SPSS因子分析法，对微囊藻（*Microcystis*）、栅藻（*Scenedesmus*）、小球藻（*Chlorella*）在8种不同处理阶段的养猪废水中进行藻类生长适应性评价。实验结果显示，原水中的营养成分较适宜藻类生长，同时小球藻的生长状况最佳。

本研究中，实验初期接入四尾栅藻、斜生栅藻、普通小球藻、拟小球藻和绿球藻至养牛废水中，普通小球藻生长状况较佳，这与黄学平等（2015）研究结果一致。李川等（2009）发现了固定化的蛋白核小球藻（*Chlorella pyrenoidosa*）对废水中氨氮的去除效果最佳，鱼腥藻（*Anabaena*）对硝氮的去除效果最佳。Wang等（2010）通过将小球藻接种至厌氧发酵后的养牛废水中，经过21 d可去除75%的总磷和83%的总氮。徐畅（2014）研究了斜生栅藻在不同稀释浓度下养猪沼液中的水质净化效果，同时运用不同处理方法去除沼液中的氨氮。在稀释浓度为30%时，各污染物去除效率最佳，总磷的最大去除率为55.29%，氨氮的最大去除率为

38.39%，总氮的最大去除率为 43.55%。而本研究中所使用的养牛废水未经稀释与灭菌处理，斜生栅藻对于总磷、氨氮和总氮的最大去除率分别为 62.37%、71.19% 和 73.36%；普通小球藻对于总磷、氨氮和总氮的最大去除率分别为 85.29%、73.23% 和 81.98%。基于以上数据分析，这可能与藻细胞接种浓度，废水中各营养物质含量的不同，细菌和微生物等因素有关。刘林林等（2014）利用狭形小桩藻（*Characium angustum*），通过设置不同接种浓度，对高压灭菌和消毒的养猪废水进行处理，最终对总磷和总氮的去除效率高达 96% 和 64%。本研究通过对普通小球藻设置不同起始接种浓度，各实验组去除污染物效果无明显差别，即污染物的去除不受接种浓度的影响，但其生长量随着接种浓度的增加而逐渐衰减。综合考虑其操作性、使用成本等因素，最终选取接种浓度为 200 mg/L，该浓度下的普通小球藻对养牛废水中化学需氧量、氨氮、亚硝氮、硝氮和总磷的去除率分别为 66.29%、86.29%、80.77%、97.17% 和 85.19%。尽管如此，废水中仍有近 1/3 的有机物未被去除，为了在单位时间内高效去除养牛废水中的各污染物，本研究将继续讨论如何提高污染物去除效率。

　　黄海波等（2013）研究了硫酸铁、壳聚糖、结晶氯化铝和硫酸铝等 6 种絮凝剂对高质量浓度养猪废水预处理效果。而本研究中采用 30% 次氯酸钠（NaClO）对养牛废水进行预处理。次氯酸钠具有强氧化性，由 $NaClO + H_2O \rightarrow HClO + NaOH$ 和 $HClO \rightarrow H^+ + ClO^-$ 可知，次氯酸钠在水溶液中反应生成次氯酸（HClO），次氯酸分子不稳定，极易得到电子从而具有较强的氧化性。因此，废水中大多数的有机物与少量的无机物均能被次氯酸钠氧化（陆贤等，2011）。张胜利等（2009）用次氯酸钠处理模拟废水中的氨氮，效果明显。本研究选取 30% 次氯酸钠作为预处理试剂，其可去除废水中一部分难降解的有机物和少量污染物，同时提高废水的可生化性。添加浓度为 0.6 mL/L 的 30% 次氯酸钠至养牛废水中，反应 2 h 后，水中化学需氧量、总氮、氨氮、硝氮、亚硝氮和总磷的去除率分别达到 21.66%、19.03%、19.44%、10.57%、90.35% 和 4.04%，为后续普通小球藻处理废水提供有利条件。徐畅等（2014）采用不同沸石对厌氧发酵的养猪沼液进行处理，在前 14 h，氨氮的去除效果明显。同时还运用了沸石吸附–斜生栅藻净化"两步法"处理，在实验第 11 天时，藻细胞生长状况良好，污染物去除明显。而本实验采用 30% 次氯酸钠进行预处理，然后接入普通小球藻进行实验，缩短废水处理时间，提高了废水处理效率。为了进一步优化实验，本实验采用方案一"30% 次氯酸钠–普通小球藻–二次接入普通小球藻"和方案二"30% 次氯酸钠–普通小球藻–椰壳活性炭吸附"两种实验方案进行实验。两种实验方案均能在较短时间处理养牛废水。相比于原水，通过方案一和方案二两种工艺处理后，废水中化学需氧量、硝氮、亚硝氮、氨氮、总氮和总磷的去除率分别为 94.33% 和 93.67%、98.61% 和 98.10%、100% 和 100%、95.47% 和 86.69%、95.72% 和 88.45%、99.44% 和 99.09%，最终达到养殖行业相关废水的排放标准。

两种工艺对养牛废水中污染物的处理效果较佳，化学需氧量、硝氮和总磷去除效率无明显差别，但是对于氨氮和总氮的去除率，方案一比方案二高 8.78% 和 7.27%。方案一，利用藻类二次处理，该方法相对环保，能够降低化学试剂的使用对水体造成的潜在危害，同时可获取大量藻类，可为藻类副产品的开发和利用提供一定的经济价值。方案二，最后采用生物活性炭处理，可增强废水处理效率，大幅度缩短废水处理时间。但是，随着处理效率提高的同时，生物活性炭的投加量逐渐增长，进而，处理成本也随之增加。

第4章　一株自絮凝微藻的分离鉴定及其胞外聚合物提取方法的研究

4.1　引言

　　胞外聚合物（Extracellular Polymeric Substances，EPS）对微藻絮凝采收性能的影响的有关研究结论存在分歧，一个很重要的原因就是各研究者所采用的提取方法不尽相同。因此，找到一种比较普适的微藻 EPS 提取方法显得很有必要。本章研究选用的是从中国山西省的土壤中分离出的一株绿藻，其有着极好的絮凝能力。为了提取藻细胞的 EPS 以进一步研究其絮凝机理，本实验选取了 EDTA 法、CER 法、热提取法、酸处理法和碱处理法 5 种提取方法提取该藻株的 EPS，通过分析提取效率和藻细胞的活性评价这 5 种 EPS 提取方法的可行性。

4.2　实验材料与方法

4.2.1　实验藻种

　　本研究所用的藻种采自中国山西省庞泉沟国家级自然保护区。该藻种通过平板分离法获得（Rippka et al.，1979），然后采用 BG11 液体培养基扩大培养以用于藻种的鉴定、絮凝能力的测定和 EPS 的提取。

4. 2. 2　实验设备与培养基

本研究所使用实验设备和培养基见第 2 章第 2. 2. 3 部分。

4. 2. 3　藻种的鉴定

将藻液加入 1. 5 mL 的离心管中离心，将上清液倒掉，收集沉淀物。利用植物 DNA 提取试剂盒提取其基因组 DNA，然后进行 PCR 扩增获得 ITS 序列。ITS 的 PCR 扩增引物为：1 500af（5' GCG CGC TAC ACT GAT GC 3'）和 its4r（5' TCC TCCGCTTATTGA TAT GC 3'）。

PCR 的反应体系为 20 μL，包括 10. 8 μL ddH$_2$O，2 μL 10×buffer，0. 2 μL Taq DNA 聚合酶，2 μL 引物，2 μLdNTP 和 1 μL 的模板 DNA。PCR 扩增反应条件如下：95℃ 预变性 5 min；94℃ 变性 45 s，47℃ 退火 45 s，72℃ 延伸 1 min，35 个循环；72℃ 延伸 10 min。PCR 扩增获得的产物送去华大基因公司测序。将测序结果比对，然后用 MEGA6 构建系统发育树。

4. 2. 4　絮凝能力的测定

根据 Lv 等（2016）的方法对微藻的絮凝能力进行了测定。在 BG11 培养基培养 10 d 后，取 25 mL 藻液将其注入 25 mL 的比色管中，经过反复混匀后，从比色管中取 3 mL 的上层藻液于 694 nm 波长下测其吸光度。之后，将比色管静置 30 min、60 min、120 min 和 180 min，再次从比色管中取 3 mL 的上层藻液于 694 nm 波长下测其吸光度。微藻的絮凝效率通过公式（4-1）求得：

$$絮凝效率 = (A - B)/A \times 100\% \qquad (4-1)$$

式中，A 和 B 是藻液在 694 nm 波长下絮凝之前和之后测得的光密度（OD）值。

4.2.5　EPS 的提取

EDTA 法：向微藻中添加 2%（v/v）EDTA 溶液，摇匀，将它放在 4℃ 冰箱中静置 3 h（Liu et al.，2002）。

CER 法：选用通用性强酸性钠型阳离子交换树脂进行提取，将树脂添加到微藻中，每克干重生物质添加 70 g 树脂，在 25℃、300 r/min 的摇床上分别摇 3 h、6 h 和 9 h（Frølund et al.，1996）。

热提取法：将藻液在 45℃ 和 60℃ 下分别水浴 1 h 和 0.5 h（Lv et al.，2016）。

酸处理法：将 1 mol/L H_2SO_4 添加到藻液中，调节 pH 值到 2.5，然后搅拌 3 h（Chen et al.，2001）。

碱处理法：将 1 mol/L NaOH 添加到藻液中，调节 pH 值到 12.5，然后搅拌 3 h（Brown et al.，1980）。

以上各方法所得的溶液于 10 000 r/min 下离心 10 min，所得的上清液经 0.45 μm 的滤膜过滤，滤液为 EPS 提取物。所有实验重复 4 次。

4.2.6　EPS 的定性和定量分析

（1）蛋白质和多糖含量的测定

蛋白质含量的测定以 BSA 为标样，采取考马斯亮蓝法。多糖含量的测定以葡萄糖为标样，采取蒽酮硫酸法。

（2）EPS 傅里叶变换红外光谱（FTIR）分析

将 EPS 溶液放置于 -80℃ 的冰箱中冻干，然后将它放在冷冻干燥机中冻干成粉末。将冻干的粉末与 KBr 以 1∶100 的比例充分混匀后压片，压片成型后用 is50 红外光谱仪测定。扫描的光谱范围为 4 000~400 cm^{-1}。

（3）三维荧光光谱分析

根据 Lv 等（2016）方法用荧光分光光度计（F-280）测定 EPS 的三维荧光光谱。三维荧光光谱发射波长从 250 nm 扫描到 550 nm，以 1 nm 为增量；激发波长从 200 nm 扫描到 450 nm，以 10 nm 为增量。激发和发射狭缝为 5 nm，扫描速度为 1 200 nm/min，PMT 电压为 700 V。采用 Origin 8.5 软件对三维荧光光谱图进行数据分析。

（4）液相色谱（HPLC）分析

根据茅宇娟等（2019）的方法用液相色谱法测定 EPS 的单糖组成。将提取出来的 EPS 溶液以 1 : 3 的比例加入无水乙醇放置在 4℃冰箱中过夜，收集沉淀并冻干作为多糖提取物。向多糖样品中加入 2 mol/L 三氟乙酸加热水解 2 h。取出冷却至室温后用甲醇去除残余的三氟乙酸。然后将多糖水解物进行衍生化。最后，取 20 μL 水样进样检测，流动相为 A 相-pH 值 6.7，50 mM 的磷酸二氢钾缓冲液，B 相-乙腈；流速为 1.0 mL/min，柱温为 35℃，检测波长 250 nm。根据样品的出峰位置与标准品对照，判断多糖的单糖组成。

4.2.7 藻细胞的活性分析

（1）EPS 中 DNA 含量测定

DNA 含量的测定以 2-脱氧-D-核糖为标样，采取二苯胺比色法（Yuan et al., 2013）。

（2）脱氢酶（DHA）活性的测定

用脱氢酶试剂盒测定 EPS 提取之前和之后微藻细胞的 DHA 活性。

（3）流式细胞术分析

将提取 EPS 之前和之后的微藻细胞悬浮在 50 mmol/L，pH 值为 7.4 的磷酸缓冲液（PBS）中，然后用荧光染料碘化丙啶（PI）对微藻细胞进行染色，最终浓度为 30 μmol/L。用流式细胞仪分析细胞死亡的比例（Xiao et al., 2011）。

4.2.8 实验数据处理

本研究中，测量值以 4 次重复的平均值±标准差来表示。数据采用 SPSS

19.0 进行方差分析。为了使数据更具有统计学意义，我们选择 95% 的置信区间，即 $p < 0.05$。利用 Origin 8.5 软件进行绘图。

4.3　实验结果

4.3.1　藻种的鉴定

本研究所用藻种分离自中国山西省庞泉沟国家级自然保护区的土壤，为了确定它的分类学地位，我们基于 ITS 基因构建了 NJ 树，如图 4-1 所示。从 NJ 树中可以看出我们选用的藻种与胶被新囊藻（*Neocystis mucosa*）聚为一支，有非常近的亲缘关系，根据系统发育进化分析，将藻种命名为胶被新囊藻。

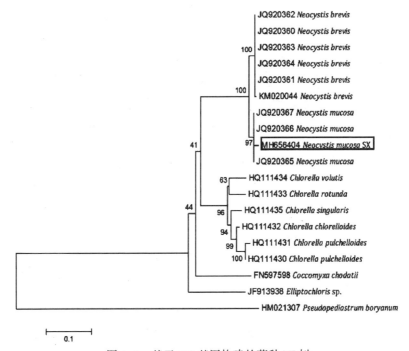

图 4-1　基于 ITS 基因构建的藻种 NJ 树

4.3.2 胶被新囊藻（*Neocystis mucosa*）的自絮凝效率

胶被新囊藻的一个最重要的特征是有着极好的自絮凝能力。如图 4-2 所示，胶被新囊藻在经过 0.5 h 的沉降后自絮凝效率为 63.2%；经过 1 h 和 2 h 的沉降后，自絮凝效率显著增加到了 68.4% 和 79.7%（$p<0.05$）；当胶被新囊藻沉降 3 h 后，自絮凝效率高达 93.6%（$p<0.05$）。

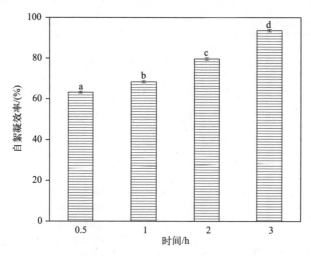

图 4-2　不同沉降时间下胶被新囊藻的自絮凝效率

图中不同字母代表处理间差异显著（$p<0.05$）

4.3.3 提取方法对胶被新囊藻 EPS 总量和理化特征的影响

（1）提取方法对胶被新囊藻 EPS 总量的影响

用不同方法提取的胶被新囊藻 EPS 的含量如图 4-3 所示。EPS 主要由蛋白质和多糖组成。如图 4-3（a）所示，用不同方法提取的 EPS 的蛋白质含量为 0.78~23.5 mg/g 干重，提取出的胞外蛋白质含量有显著差异（$p<0.05$）。用不同方法从胶被新囊藻提取的 EPS 中的蛋白质含量从多到少依次为 CER 9 h 法、CER 6 h 法和碱处理法、水浴加热 60℃ 0.5 h 和 45℃ 1 h 法、CER 3 h 法，酸处理法和 EDTA 法。如图 4-3（b）所示，用

不同方法提取的 EPS 的多糖含量为 1.02~103 mg/g 干重，而且提取出的多糖含量也有显著差异（$p<0.05$）。用不同方法从胶被新囊藻提取的 EPS 中的多糖含量从多到少依次为 CER 9 h 法、CER 6 h 法和热提取 60℃ 0.5 h 法、CER 3 h 法、酸处理法、碱处理法、EDTA 法和热提取 45℃ 1 h 法。通过分析实验结果我们可以知道，CER 法和热提取法比其他方法能够提取出更多的 EPS，并且 CER 与藻细胞接触的时间越长，水浴温度越高，提取出的 EPS 的总量也越多。

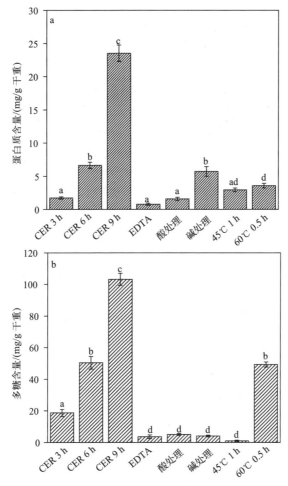

图 4-3　不同方法提取的胶被新囊藻的 EPS 的蛋白质和多糖含量

图中不同字母代表处理间差异显著（$p<0.05$）

（2）提取方法对胶被新囊藻 EPS 理化特征的影响

除了 EPS 的含量，另一个重要的特征是 EPS 的化学特性。在本研究中，通过三维荧光光谱来分析 EPS 的化学特性。如图 4-4 所示，用不同方法提取出的胶被新囊藻 EPS 测得的三维荧光（EEM）光谱图是不同的，说明用不同方法提取出的 EPS 的化学组成是不同的。每个 EEM 光谱图检测到 1 个峰或 2 个峰。峰 B 位于 Ex/Em = 290～310 nm/350～373 nm，峰 C 位于 Ex/Em=340～360 nm/400～450 nm。用热提取 60℃ 0.5 h 法、热提取 45℃ 1 h 法、CER 6 h 法和 CER 9 h 法提取出的 EPS 检测到峰 B 和峰 C，用碱处理法提取出的 EPS 只检测到峰 B，用酸处理法和 CER 3 h 法提取出的 EPS 只检测到峰 C，用 EDTA 法提取出的 EPS 没有检测到峰。除此之外，从 EEM 光谱图中也能获得每个峰的荧光强度。通过图 4-4 我们可以计算出，用不同方法提取出的胶被新囊藻 EPS 的总荧光强度从大到小依次为 CER 9 h 法、CER 6 h 法、热提取 60℃ 0.5 h 法、碱处理法、热提取 45℃ 1 h 法、CER 3 h 法和酸处理法。以上实验结果表明，CER 法和热提取法比其他方法能够提取出更多的具有不同化学特性的物质。

在本研究中，也用 FTIR 分析了不同方法提取出的胶被新囊藻 EPS 的化学结构，如表 4-1 所示。FTIR 光谱检测到 6 个峰，用不同方法提取出的 EPS 的 FTIR 峰的位置和数量是不同的。CER 9 h 法，EDTA 法和热提取 60℃ 0.5 h 法有 5 个特征峰被检测到：$3\,303～3\,407\ cm^{-1}$，$1\,623～1\,652\ cm^{-1}$，$1\,350～1\,397\ cm^{-1}$，$1\,077～1\,090\ cm^{-1}$ 与 $751～990\ cm^{-1}$。当 CER 的提取时间缩短到 6 h 和 3 h，仅仅检测到上述 5 个峰中的 3 个和 2 个，并且用热提取 45℃ 1 h 法提取的 EPS 的峰的数量也减少了。用酸处理法提取的 EPS，在 $2\,956\ cm^{-1}$ 处检测到 1 个其他提取方法没有的峰。用碱处理法提取的 EPS 仅仅检测到 2 个峰。以上实验结果表明，CER 法、EDTA 法、酸处理法和热提取法比碱处理法能提取出更多的具有不同化学特性的物质，而且对于 CER 法和热提取法来说，增加树脂与细胞的接触时间和水浴加热的温度能够提取出更多的物质。总之，EPS 提取方法对 EPS 的化学特性有显著影响。

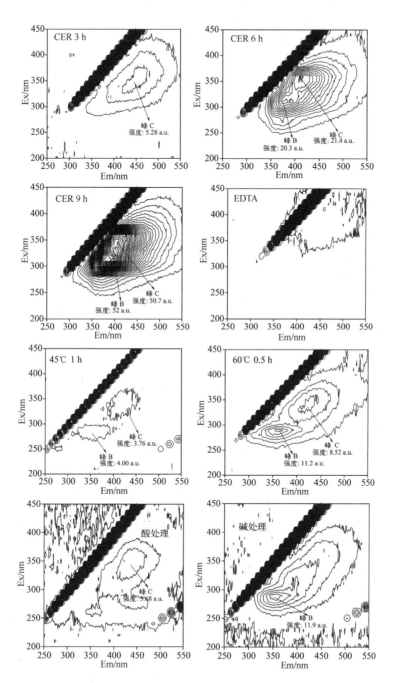

图 4-4　不同方法提取的胶被新囊藻的 EPS 的 EEM 光谱图

表 4-1 不同方法提取的 EPS 的 FTIR 光谱

波长/(cm⁻¹)	振动类型	基团类型	EPS 提取方法							
			CER 3 h	CER 6 h	CER 9 h	EDTA	酸处理法	碱处理法	45℃ 1 h	60℃ 0.5 h
3 303~3 407	OH 的伸缩振动和 N-H 振动	EPS 的 OH	−	+	+	+	+	+	+	+
2 956	CH₂ 和 CH₃ 不对称伸缩振动		−	−	−	−	+	−	−	−
1 623~1 652	C＝O 和 C＝N（酰胺 I）的不对称伸缩振动	蛋白质肽键	+	+	+	+	+			+
1 350~1 397	COO⁻ 的对称伸缩振动		−	−	+	+	+	+	+	+
1 077~1 090	C-O-C 的伸缩振动	多糖	−	−	+	+	−	−	+	+
751~990	"指纹区"	磷、硫基团	+	+	+	+	+	−	+	+

注：+为有此官能团，-为无此官能团。

此外，采用 HPLC 分析了不同方法提取出的胶被新囊藻胞外多糖的单糖组成。用 CER 法、热提取法、酸处理法、碱处理法提取出的胞外多糖由甘露糖、葡萄糖、半乳糖和阿拉伯糖组成，物质的量之比为 13∶42∶2∶1，用 EDTA 法提取出的胞外多糖由甘露糖、葡萄糖和木糖组成，物质的量之比为 9∶15∶1。

4.3.4 EPS 提取方法对胶被新囊藻活性的影响

（1）提取方法对胶被新囊藻 EPS 中 DNA 含量的影响

用不同方法提取的胶被新囊藻 EPS 中 DNA 含量如图 4-5 所示。用 CER 9 h 法提取的胶被新囊藻 EPS 中的 DNA 含量是最高的，其次是热提取 60℃ 0.5 h 法。用 CER 3 h 法、CER 6 h 法、EDTA 法、酸处理法、碱处理法和热提取 45℃ 1 h 法提取的胶被新囊藻 EPS 中 DNA 含量比较少，显著低于 CER 9 h 法和热提取 60℃ 0.5 h 法（$p<0.05$）。

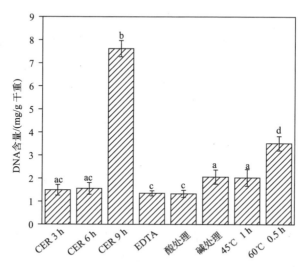

图 4-5　不同方法提取的胶被新囊藻 EPS 中的 DNA 含量

图中不同字母代表处理间差异显著（$p<0.05$）

（2）提取方法对胶被新囊藻 DHA 活性的影响

用不同方法提取 EPS 之后，胶被新囊藻的 DHA 活性如图 4-6 所示。我们可以从图中看出，用不同方法提取 EPS 之后，胶被新囊藻的 DHA 活性显著被抑制（$p<0.05$），而且不同方法抑制的程度是不同的。用 CER 9 h 法提取 EPS 之后，胶被新囊藻的 DHA 活性是最低的，其次是热提取 60℃ 0.5 h 法。用 CER 3 h 法、CER 6 h 法和 EDTA 法提取 EPS 之后，胶被新囊藻的 DHA 活性在同一个水平，并且显著高于酸处理法、碱处理法和热提取 45℃ 1 h 法。

（3）提取方法对胶被新囊藻细胞死亡比例的影响

用不同方法提取 EPS 之后，胶被新囊藻细胞死亡的比例如图 4-7 所示。与对照相比，提取 EPS 之后，胶被新囊藻细胞死亡的比例显著升高。用不同方法提取 EPS 之后细胞死亡的比例是不同的。用碱处理法提取 EPS 之后，胶被新囊藻的细胞死亡比例高达 10.74%；用 CER 9 h 法、酸处理法和热提取 60℃ 0.5 h 法提取 EPS 之后，胶被新囊藻的细胞死亡比例依次为 3.68%，

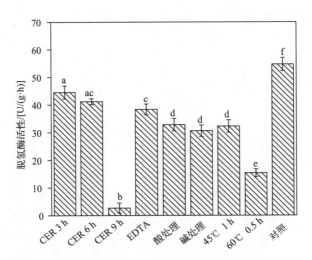

图 4-6　不同方法提取 EPS 之后胶被新囊藻的 DHA 活性

图中不同字母代表处理间差异显著（$p<0.05$）

1.36% 和 1.05%；用 CER 3 h 法、CER 6 h 法、EDTA 法和热提取 45℃ 1 h 法提取，细胞死亡的比例为 0.38%~0.72%。

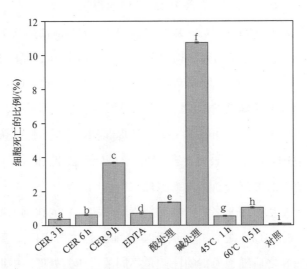

图 4-7　不同方法提取 EPS 之后胶被新囊藻细胞死亡的比例

图中不同字母代表处理间差异显著（$p<0.05$）

4.4　讨论

EPS 对于阐释微藻自絮凝机理具有重要意义（Salim et al., 2014; Lv et al., 2016）。目前，没有一种通用的提取微藻 EPS 的方法，通常用活性污泥和细菌 EPS 的提取方法提取微藻的 EPS（Takahashi et al., 2010; Salim et al., 2014; Lv et al., 2016）。然而，这些提取方法仍旧有大量的问题。这些 EPS 提取方法用于微藻 EPS 提取时提取效率如何？这些方法是否对微藻细胞有损害？这些问题在微藻 EPS 的提取中并不十分清楚。

用 CER 法提取 EPS，可以非常容易地去除溶液中的树脂，不会影响后续的分析。更重要的是，该方法具有很高的提取效率（Sheng et al., 2010）。因此，CER 法被广泛用于活性污泥 EPS 的提取，并被认为是最好的选择（Sheng et al., 2010）。但 CER 法目前除了海洋底栖硅藻舟形藻（*Navicula jeffreyi*）（Takahashi et al., 2010; Pierre et al., 2014），几乎没有运用到其他微藻 EPS 的提取过程当中。而且，作者通过分析得出提取舟形藻的 EPS 用 CER 法比其他方法更好（Takahashi et al., 2010）。考虑到硅藻和绿藻之间细胞结构的差异，评估用 CER 法提取绿藻 EPS 的提取效率是至关重要的。在本研究中，用 CER 法提取出的胶被新囊藻胞外多糖和胞外蛋白质含量很高。特别是当用 CER 6 h 和 CER 9 h 法提取胶被新囊藻的 EPS 时，蛋白质含量是 6.64 mg/g 干重和 23.5 mg/g 干重，多糖含量是 50.4 mg/g 干重和 103 mg/g 干重。用 CER 法提取出的胶被新囊藻 EPS 总量与用此方法提取出活性污泥 EPS 的总量相当（Liu et al., 2002）。因此，用 CER 法提取绿藻的 EPS 是可行的。延长微藻细胞与树脂的接触时间，能够去除藻细胞与 EPS 之间键连的二价阳离子，从而使更多的 EPS 分离释放出来（Chen et al., 2020）。

用热提取法提取 EPS，是因为随着温度的升高，EPS 中各组分的溶解度会增大，从而提高了 EPS 的提取效率（Sheng et al.，2010）。因此，许多研究人员通常用热提取法提取活性污泥的 EPS（Liu et al.，2003；Li et al.，2007）。目前，舟形藻、绿球藻（*Chlorococcum sphacosum* GD）和凯氏拟小球藻（*Parachlorella kessleri*）也用热提取法提取 EPS（Takahashi et al.，2010；Lv et al.，2016）。与其他 EPS 提取方法相比，用热提取法提取出舟形藻的 EPS 的总量最高（Takahashi et al.，2010），而且提取出凯氏拟小球藻的胞外多糖的含量可达 82.04 mg/g 干重（Lv et al.，2016）。这些结果表明，用热提取法提取微藻的 EPS 是可行的。在本实验中发现热提取 60℃ 0.5 h 法是有效的 EPS 提取方法，特别是可以提取出更多的多糖，这个结果与以前文献中报道的绿球藻的提取结果是一致的（Lv et al.，2016）。因此，我们的结果再次证明了热提取法是提取微藻 EPS 的有效方法。

在本研究中，用 EDTA 法提取出 EPS 的总量比较少。D'Abzac 等（2010）报道称，相比于其他化学提取方法，用 EDTA 法提取出好氧颗粒污泥的 EPS 的产量最低，我们的实验结果与他的结果是一致的。然而，在其他报道中用 EDTA 法提取出活性污泥的 EPS 的产量不是最低的，我们推测提取效率的差异可能是样本本身特征之间存在差异。用酸处理法提取出的 EPS 的总量也比较少（6.6 mg/g 干重），这与先前报道的 H_2SO_4 法不是嗜酸红假单胞菌（*Rhodopseudomonas acidophila*）有效的 EPS 提取方法的结果相一致（Sheng et al.，2005）。与已报道的结果相比，在本研究中用碱处理法提取出胶被新囊藻 EPS 的含量也是低的（Liu et al.，2002；Comte et al.，2006），可能的原因是在本实验中仅仅在微藻溶液中加入了少量的 NaOH 溶液。此外，也发现用碱处理法提取出多糖的含量比蛋白质多，这一结果与之前研究的活性污泥的蛋白质与多糖的比例的结果是相似的（Liu et al.，2002；Comte et al.，2006）。

在本研究中，我们提取 EPS 是为了进一步分析 EPS 与微藻絮凝性能的关系。先前文献报道了 EPS 的结构特性与微藻的絮凝密切相关，EPS 中官能团（如羟基或羧基）发生变化，将会影响微藻的絮凝（Guo et al.，

2013)。EEM 和 FTIR 已被广泛应用于 EPS 的结构特性分析（Zhu et al., 2012）。因此，在本实验中我们通过 EEM、FTIR 和 HPLC 对不同提取方法提取出的 EPS 的特性进行了分析。

如图 4-4 所示，EEM 光谱中检测到峰 B 和峰 C，峰 B 位于 Ex/Em = 290~310 nm/350~373 nm，为芳香族蛋白质类的峰值，与芳香族氨基酸和色氨酸有关（Sheng et al., 2006），峰 C 位于 Ex/Em = 340~360 nm/400~450 nm，为腐殖酸类的峰值（Coble, 1996; Sheng et al., 2006），这 2 个峰也被广泛发现在活性污泥的 EPS 中（Sheng et al., 2006; Zhu et al., 2012）。在绿球藻和凯氏拟小球藻的 EPS 中也检测到了峰 B（Lv et al., 2016），而峰 C 在微藻的 EPS 中第 1 次检测到。色氨酸是一种疏水性氨基酸，有利于促进好氧颗粒的形成和微藻的絮凝（Zhang et al., 2011; Lv et al., 2016）。因此，如图 4-2 所示，我们认为色氨酸蛋白质类物质的存在是胶被新囊藻自絮凝的原因之一。在本研究中，我们可以清楚地发现 EPS 的提取方法显著影响着峰的位置和数量，这一发现与以前研究结果一致，即用不同方法提取活性污泥和生物膜的 EPS 的峰的数量和强度不同（Domínguez et al., 2010; Pan et al., 2010）。在本研究中，用 CER 6 h 法和 CER 9 h 法提取的 EPS 的峰的数量和总荧光强度是最高的。此外，用不同的方法从胶被新囊藻中提取的 EPS 总荧光强度的大小顺序几乎与提取的蛋白质含量的高低顺序一致，这意味着峰值的强度与蛋白质的含量密切相关（Sheng et al., 2006）。

在本实验中采用红外光谱分析仪分析了用不同方法提取的胶被新囊藻 EPS 的化学特性。据 Badireddy 等（2010）的分析，在 1 640 cm^{-1}，属于蛋白质二级结构中 C=O 伸长振动引起的 β-折叠，这对活性污泥和细菌的生物絮凝作用是有利的。在 3 303~3 407 cm^{-1}，属于 OH 的伸缩振动（Ueshima et al., 2008），在 1 350~1 397 cm^{-1}，属于 COO^- 的对称伸缩振动（Parikh et al., 2006），在 1 077~1 099 cm^{-1}，属于多糖中 C-O-C 的伸缩振动（Al-Qadiri et al., 2006）。多糖中的主要官能团如羟基和羧基可能对微藻的絮凝有着重要的作用（Guo et al., 2013；Alam et al., 2014）。基于上述分析，如图 4-2 所示，我们推测胶被新囊藻 EPS 中的这些化学基团对它的絮凝是极为重要的。除此之外，我们也发现当选用 CER 法和热提取法时，增加 CER 的提取时间和水浴加热的温度能够提取出更多的化学基团。通过对 EPS 的总量和化学特性分析，我们可以发现 CER 法和热提取法不仅比其他方法提取的 EPS 总量高，而且提取出了更多具有不同化学特性的物质。因此，这两种方法能被用于提取微藻 EPS 做定性和定量分析。虽然用 EDTA 法和酸处理法提取出的 EPS 的含量是低的，但是含有丰富的化学基团。因此，可以采用这两种方法提取微藻 EPS 做定性分析。用碱处理法提取出的 EPS 的含量低、化学基团少。因此，我们认为这种方法不适合提取微藻的 EPS。

本实验还采用 HPLC 分析了胞外多糖的单糖组成。结果表明，胞外多糖的主要单糖成分为葡萄糖和甘露糖，它与之前已经报道过的葡萄糖和甘露糖是自絮凝微藻普通小球藻（*Chlorella vulgaris*）和斜生栅藻（*Scenedesmus obliquus*）的胞外多糖的主要单糖组成相一致（Guo et al., 2013；Alam et al., 2014）。然而，通过 EDTA 方法提取的胞外多糖的单糖组成与其他方法不同，这可能是由于不同的提取方法所致。

在提取 EPS 时可能造成细胞的裂解，大量研究以 EPS 中的核酸含量作为细胞裂解的指标（Sheng et al., 2010），在 EPS 中检测到有大量的核酸表明细胞损伤较严重（Sheng et al., 2010）。在本研究中，用 CER 9 h 法提取出的 EPS 检测到的 DNA 含量最高。CER 法被认为是提取活性污泥的 EPS 的一个好方法，是因为少量的 DNA 被释放出来（Liu et al., 2002；D'Abzac et al., 2010），但上述研究中树脂和细胞之间的接触时间只有 1 h。如 Frølund 等（1996）所述，从污泥中提取有效的 EPS 需要很长的提取时间（例如，长于 12 h），然而它造成了细胞的裂解，所以我们推测用 CER 法提取 EPS 是否释放出高含量的 DNA 与树脂的提取时间是密切相关的。在本实验中，当 CER 与藻细胞的接触时间减少到 6 h 和 3 h 后，EPS 中的 DNA 含量显著减少。与其他方法相比，热提取 60℃ 0.5 h 法的 EPS 中也有大量的 DNA。因此，热提取 60℃ 0.5 h 法也造成了细胞严重裂解。如 Mcswain 等 (2005) 所述，用热提取法提取活性污泥的 EPS，检测到的胞外蛋白质、胞外多糖和 DNA 含量都很高，在我们的实验中也再次证明了这一结论。当温度降低到 45℃时，DNA 含量显著减少。除了 DNA 含量外，DHA 也能反映出藻细胞的活性。通过实验结果我们可以清晰地发现，用 CER 9 h 法和热提取 60℃ 0.5 h 法提取 EPS 之后，藻细胞的 DHA 活性显著降低，这与 DNA 含量的结果相一致。在本实验中，还通过流式细胞术分析了细胞死亡的比例。结果表明，用 CER 9 h 法和热提取 60℃ 0.5 h 法提取 EPS 后显著增大了胶被新囊藻细胞死亡的比例。结果再次证明，用 CER 9 h 法和热提取 60℃ 0.5 h 法提取 EPS 后对细胞的活性有严重的影响。而且用碱处理法提取 EPS 后，胶被新囊藻细胞死亡的比例高达 10.74%，这与以前报道的用碱处理法提取 EPS，细菌的死亡比例为 11%，污泥为 9%的结果相一致 (Liang et al., 2010)，它表明碱处理法不是提取微藻 EPS 的有效方法。

第5章 碳源对胶被新囊藻胞外聚合物理化特征的影响研究

5.1 引言

微藻在生长过程中需要吸收氮、磷等元素。将其用于污水处理不仅去除水体中污染物的效果好，所积累的生物质还可以用作生产柴油、饲料和药品等高附加值产品（罗智展等，2019）。基于这些优点，越来越多的研究人员将目光投向利用微藻处理污水（罗智展等，2019）。

胞外聚合物（Extracellular Polymeric Substances，EPS）主要由蛋白质和多糖组成，是微藻在代谢过程中分泌的一类高分子聚合物（More et al.，2014）。目前，在微藻污水处理过程中，EPS 被认为对微藻的絮凝采收起着重要的作用。因此，对于 EPS 的研究已成为一个热点。大量的研究集中在 EPS 特性对各种因素的响应上，包括藻种、生长阶段、操作条件（如光强、光周期和温度）和营养条件（如氮源、浓度和盐度）等（Salim et al.，2013；Bayona et al.，2014；Drexler et al.，2014；Lv et al.，2016）。

有机物是市政、农业和工业污水最重要的组成成分。先前的研究表明，碳源会影响微藻的生长（Cheirsilp et al.，2012；Lin et al.，2015）。因此，我们认为它对微藻的 EPS 特性也有一定的影响。目前，已有一些研究报道确实证明了碳源对微藻的 EPS 特性有一定的影响（Yu，2012；Ding et al.，2013；Choi et al.，2019），但这些研究并未报道污水中一些难被微藻代谢的高分子有机碳源如淀粉对微藻 EPS 特性的影响。因此，在本章中，研究了葡萄糖、乙酸钠、蔗糖和淀粉这 4 种碳源对胶被新囊藻（*Neocystis mucosa*）EPS 的含量和结构的影响，从而为实际污水中微藻的絮凝与采收提供潜在的理论依据。

5.2　实验材料与方法

5.2.1　实验藻种

本实验所选用的藻种同第 4 章第 4.2.1 部分。

5.2.2　实验设备与培养基

本研究所使用培养基见第 2 章第 2.2.3 部分。

5.2.3　实验设计

首先，将实验所用的胶被新囊藻用 BG11 液体培养基培养至对数期，将藻液静置一段时间，使藻细胞完全沉降在锥形瓶底部，在超净工作台中将锥形瓶中的上清液倒掉，加入灭菌的去离子水洗涤藻体 3 次。然后，将洗好的藻体接种到配好的碳源分别为葡萄糖、乙酸钠、蔗糖、淀粉的 4 种模拟污水中（化学需氧量浓度为 400 mg/L，氮浓度为 40 mg/L，磷浓度为 10 mg/L），微藻起始接种浓度为 200 mg/L，培养周期为 10 d。模拟污水配方见表 5-1，其余 3 种模拟污水配方将表 5-1 的葡萄糖分别换为乙酸钠（含量为 0.55 g）、蔗糖（含量为 0.42 g）、淀粉（含量为 0.44 g），其他成分不变，pH 值为 7.5。

表 5-1　模拟污水配方

成分	含量
$C_6H_{12}O_6$	0.4 g
KH_2PO_4	0.044 g
NaCl	0.064 g
$FeSO_4 \cdot 7H_2O$	0.005 g
NH_4Cl	0.118 9 g
$CaCl_2 \cdot 7H_2O$	0.025 g
$MgSO_4 \cdot 7H_2O$	0.09 g
$NaHCO_3$	0.1 g
A_5	1 mL
ddH_2O	1 L

5.2.4　EPS 的提取

EPS 的提取用第 4 章选出的最适方法 CER 6 h 法提取。

5.2.5　EPS 的定性和定量分析

（1）蛋白质和多糖含量的测定

同第 4 章第 4.2.6 部分。

（2）EPS 傅里叶变换红外光谱（FTIR）分析

同第 4 章第 4.2.6 部分。

（3）三维荧光光谱分析

同第 4 章第 4.2.6 部分。

（4）液相色谱（HPLC）分析

同第 4 章第 4.2.6 部分。

（5）扫描电镜分析

对藻液进行预处理，用扫描电子显微镜（ZEISS Sigma 300）观察 EPS 和藻细胞结构并拍照。

（6）X 射线光电子能谱（XPS）分析

为了获得 EPS 的元素组成以及所占的比例，通过 X 射线电子能谱仪（Thermo Fisher Scientific K-Alpha）进行了全谱扫描（150 eV pass energy），然后对特定的元素进行高分辨扫描（30 eV pass energy）。

（7）激光共聚焦显微镜观察分析

本实验选用 Concanavalin A（ConA）荧光染料染胞外多糖，用异硫氰酸荧光素（FITC）染胞外蛋白质，使用 Argon 激光在激光共聚焦显微镜（LSM880，Zeiss，Oberkochen，德国）下扫描拍照。在此激发波长与荧光信号波长范围内，荧光强度反映胞外多糖和蛋白质含量。具体参数为：ConA 的激发波长为 561 nm，发射波长为 550~600 nm；FITC 激发波长为 458 nm，发射波长为 500~550 nm。

5.2.6　藻细胞的活性分析

（1）脱氢酶（DHA）活性的测定

同第 4 章第 4.2.7 部分。

（2）流式细胞术分析

同第 4 章第 4.2.7 部分。

（3）叶绿素含量和叶绿素荧光参数的测定

叶绿素含量和叶绿素荧光参数的测定参照第 2 章第 2.2.6.4 部分。

5.2.7　水质指标测定

水质指标的测定参照第 2 章第 2.2.6.2 部分。

5.2.8　实验数据处理

在本研究中，测量值以 3 次重复的平均值±标准差来表示。数据采用 SPSS 19.0 进行方差分析。为了使数据更具有统计学意义，我们选择 95% 的置信区间，即 $p < 0.05$。利用 Origin 8.5 软件进行绘图。

5.3　实验结果

5.3.1　碳源对胶被新囊藻 EPS 总量的影响

在本研究中，用 CER 6 h 法提取了用不同碳源的模拟污水培养的胶被新囊藻的 EPS。如图 5-1（a）所示，用不同碳源的模拟污水培养的胶被新囊藻 EPS 中，蛋白质含量为 2.65~3.97 mg/g 干重，提取出的蛋白质含量有着显著的差异（$p<0.05$）。以淀粉为碳源的模拟污水培养的胶被新囊藻 EPS 中，蛋白质含量最高，葡萄糖和乙酸钠培养的微藻次之，蔗糖培养的微藻 EPS 中蛋白质含量最低。如图 5-1（b）所示，用不同碳源的模拟污水培养的胶被新囊藻的 EPS 中，多糖含量为 38.43~62.76 mg/g 干重，多糖含量存在显著差异（$p<0.05$）。以乙酸钠和淀粉为碳源的模拟污水培养的胶被新囊藻 EPS 中多糖含量最高，蔗糖培养的微藻次之，葡萄糖培养的微藻含量最低。通过分析上述实验结果我们可以发现，以淀粉为碳源的模拟污水培养的胶被新囊藻的 EPS 总量最高。

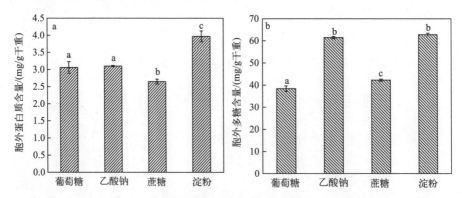

图 5-1　不同碳源污水中胶被新囊藻的胞外蛋白质含量（a）和胞外多糖含量（b）

图中不同字母代表处理间差异显著（$p<0.05$）

在这项研究中，使用 SEM 观察了用不同碳源培养的胶被新囊藻细胞的表面形态。由图 5-2 可以明显地看出，淀粉培养的微藻表面覆盖着大量的 EPS，葡萄糖培养的微藻表面覆盖的 EPS 较少。

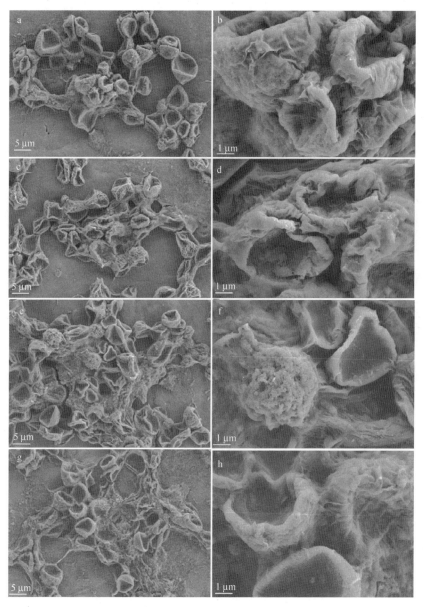

图 5-2　不同碳源污水中胶被新囊藻的扫描电镜显微照片

a 和 b：葡萄糖；c 和 d：乙酸钠；e 和 f：蔗糖；g 和 h：淀粉

　　而且，在本研究中分别用 ConA 和 FITC 荧光染料染了胞外多糖和胞外蛋白质，然后在激光共聚焦显微镜下观察。如图 5-3 所示，不论是以何种碳源培养该藻株，其 EPS 多与 ConA 荧光染料相结合，这说明胶被新囊藻产生的胞外多糖显著高于胞外蛋白质。而且，我们也能看出 ConA 荧光染料结合强度从高到低依次为：淀粉为碳源、乙酸钠为碳源、蔗糖为碳源、葡萄糖为碳源，这与图 5-1（b）的结果是基本一致的。

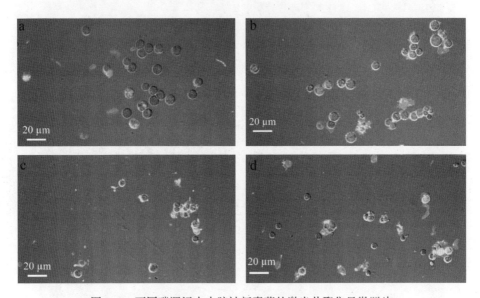

图 5-3　不同碳源污水中胶被新囊藻的激光共聚焦显微照片

a：葡萄糖；b：乙酸钠；c：蔗糖；d：淀粉。

绿色荧光（FITC）胞外蛋白质，红色荧光（ConA）胞外多糖

5.3.2　碳源对胶被新囊藻 EPS 化学特性的影响

　　EPS 的化学特性也是 EPS 的一个重要特征。在本研究中，选用 FTIR 分析 EPS 的化学结构，见表 5-2。红外光谱图共检测到 7 个峰。不同碳源的峰的位置和数量非常相似，这表明碳源对化学基团的类型没有太大的影响。

表 5-2　不同碳源培养的胶被新囊藻的 EPS 的红外光谱

波长/cm^{-1}	振动类型	官能团类型	碳源			
			葡萄糖	乙酸钠	蔗糖	淀粉
3 170~3 234	OH 的伸缩振动和 N-H 的振动	EPS 中的 OH	95	92.2	95.3	96.1
2 920~2 940	CH$_2$ 和 CH$_3$ 的不对称伸缩振动		—	92.9	—	96.3
1 630~1 640	C=O 和 C=N（酰胺 I）的不对称伸缩振动	蛋白质肽键	91.1	87.4	91.6	92.8
1 410~1 420	COO$^-$ 的对称伸缩振动	羧酸盐	92.6	90.4	91.7	94.1
1 230	C=O 的变形振动	羧酸	92.3	—	91.6	93.8
1 040~1 060	C-O-C 的伸缩振动	多糖	80.9	72.9	79.8	84
902~950	指纹区	磷硫基团	87.6	78.7	83.5	89.5

注：—表示无此官能团；数值表示强度。

在本研究中也用 X 射线光电子能谱（XPS）对 EPS 的化学元素进行定量和定性分析。结果表明，含量最高的是 C 和 O 这两种元素。利用高分辨 XPS-C 1s 谱对优势 C 元素的官能团进行了检测。C 1s 高分辨能谱由 4 个不同的峰组成，代表不同的含碳基团 C-（C/H）、C-OH、C=O 和 O-C=O，C 数据分析结果如表 5-3 所示。官能团 C-（C/H）通常代表 EPS 的疏水组分，官能团 C-OH、C=O 和 O-C=O 通常代表 EPS 的亲水组分（Hou et al., 2015；Ali et al., 2018）。我们可以发现疏水组分仅占 14.88% ~ 26.81%，明显低于亲水组分的比例。

表 5-3　不同碳源培养的胶被新囊藻的 EPS 的 XPS 高分辨 C 1s 能谱分析

	C-（C/H）	C-OH	O-C=O	C=O
葡萄糖	14.88%	75.04%	3.93%	6.15%
乙酸钠	18.32%	65.43%	11.23%	5.02%
蔗糖	16.64%	68.69%	12.55%	2.13%
淀粉	26.81%	54.82%	13.31%	5.06%

　　此外，在本研究中也用 HPLC 测定了不同碳源培养的胶被新囊藻的 EPS 的单糖组成，结果如表 5-4 所示。胞外多糖由甘露糖、葡萄糖醛酸、鼠李糖、半乳糖醛酸、葡萄糖、半乳糖、阿拉伯糖和岩藻糖组成。以葡萄糖为碳源的胶被新囊藻的 EPS 检测到 6 种单糖，以蔗糖和淀粉为碳源的胶被新囊藻的 EPS 检测到 7 种单糖，以乙酸钠为碳源的胶被新囊藻的 EPS 检测到 8 种单糖。

表 5-4　不同碳源培养的胶被新囊藻的 EPS 的单糖组成及比例

	甘露糖	葡萄糖醛酸	鼠李糖	半乳糖醛酸	葡萄糖	半乳糖	阿拉伯糖	岩藻糖
葡萄糖	48.37	0.62	8.41	0.62	39.06	2.91	0	0
乙酸钠	25.47	0.41	7.11	0.68	61.65	1.30	2.68	0.7
蔗糖	42.86	1.12	4.55	1.23	44.75	3.51	0	1.99
淀粉	43.54	0.91	4.78	1.45	46.34	1.70	0	1.18

　　进一步通过 EEM 分析了用不同碳源培养的胶被新囊藻的 EPS 的化学特性，结果如表 5-5 所示。在本研究中只检测到峰 B，强度较低，与碳源无关。但不同碳源之间的峰 B 的强度是不同的，以淀粉为碳源的胶被新囊藻的 EPS 中，该峰的强度最高。

表 5-5　不同碳源培养的胶被新囊藻的 EPS 的 EEM 荧光参数

	Ex/Em/nm	荧光物	本研究的 Ex/Em/nm	强度（a.u.）			
				葡萄糖	乙酸钠	蔗糖	淀粉
峰 A	285/340	蛋白质类	—				
峰 B	355/440	腐殖酸类	350~400/400~500	16.39	26.65	22.45	29.62
峰 C	205/370	芳香族蛋白质类	—				
峰 D	230/465	富里酸类	—				
峰 E	245/440	富里酸类	—				

注：—表示无此峰。

5.3.3　碳源对胶被新囊藻活性的影响

5.3.3.1　碳源对胶被新囊藻 DHA 活性的影响

　　用不同碳源的模拟污水培养的胶被新囊藻 DHA 活性如图 5-4 所示。我们可以发现，用不同碳源的模拟污水培养的胶被新囊藻 DHA 活性之间有显著差异（$p<0.05$）。DHA 活性从大到小依次为：葡萄糖为碳源、蔗糖为碳源、乙酸钠为碳源、淀粉为碳源。结果表明，用淀粉为碳源的模拟污水培养的胶被新囊藻的活性受到了严重抑制。

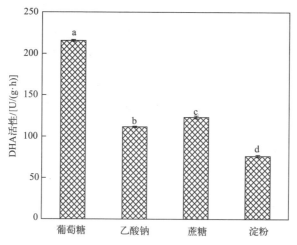

图 5-4　不同碳源污水培养的胶被新囊藻 DHA 活性

图中不同字母代表处理间差异显著（$p<0.05$）

5.3.3.2　碳源对胶被新囊藻细胞死亡比例的影响

　　为了进一步研究不同碳源对胶被新囊藻活性的影响，在本研究中也用流式细胞仪检测了胶被新囊藻细胞死亡的比例。如图 5-5 所示，以淀粉为碳源的模拟污水培养的胶被新囊藻细胞死亡的比例高达 31.51%，以乙酸钠为碳源的模拟污水培养的胶被新囊藻细胞死亡的比例为 21.41%，而以葡萄糖和蔗糖为碳源的模拟污水培养的胶被新囊藻细胞死亡的比例仅为 7.96% 和 10.89%，这与图 5-4 的结果相一致。

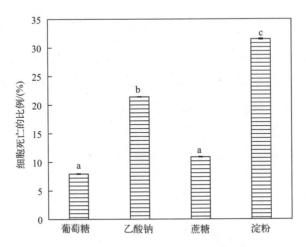

图 5-5 不同碳源污水培养的胶被新囊藻细胞死亡的比例

图中不同字母代表处理间差异显著（$p < 0.05$）

5.3.3.3 碳源对胶被新囊藻光合活性的影响

为了研究碳源对胶被新囊藻光合活性的影响，在本研究中测定了色素含量。如图 5-6 所示，在以葡萄糖、乙酸钠、蔗糖和淀粉为碳源的模拟污水中，叶绿素 a 含量依次为 4.39 mg/L、1.75 mg/L、5.83 mg/L 和 1.59 mg/L，叶绿素 b 含量依次为 0.19 mg/L、1.01 mg/L、3.34 mg/L 和 1.49 mg/L，类胡萝卜素含量依次为 1.65 mg/L、0.30 mg/L、1.38 mg/L 和 0.28 mg/L。以蔗糖为碳源的模拟污水培养的胶被新囊藻总色素含量最高，葡萄糖为碳源的次之，乙酸钠和淀粉为碳源的最低，这说明以乙酸钠和淀粉为碳源的模拟污水培养的胶被新囊藻光合活性受到了抑制。

在本研究中也测定了叶绿素荧光参数。如图 5-7 所示，用不同碳源培养的胶被新囊藻的 F_v/F_o 和 F_v/F_m 没有显著性差异，而 PI_{ABS} 有显著性差异，以蔗糖和淀粉为碳源的模拟污水培养的胶被新囊藻的 PI_{ABS} 值相对较低。

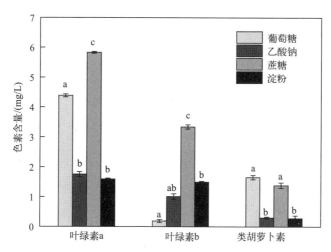

图 5-6　不同碳源污水培养的胶被新囊藻的色素含量

图中不同字母代表处理间差异显著（$p<0.05$）

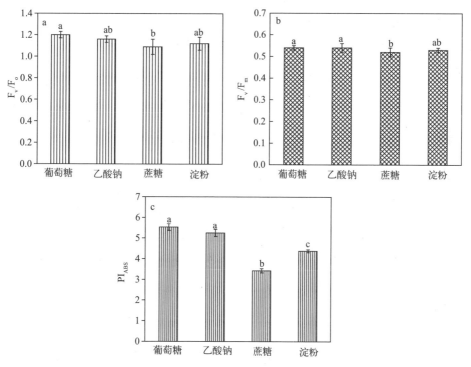

图 5-7　不同碳源污水培养的胶被新囊藻的叶绿素荧光参数

图中不同字母代表处理间差异显著（$p<0.05$）

5.3.3.4　光学显微镜下观察用不同碳源的模拟污水培养的胶被新囊藻的形态特征

用不同碳源的模拟污水培养 10 d 后，在光学显微镜下观察藻株的形态，如图 5-8 所示。我们可以看到，藻细胞的颜色为绿色，形状为球形，许多藻细胞聚集在一起。以葡萄糖为碳源（图 5-8a）和以蔗糖为碳源（图 5-8c）培养的胶被新囊藻细胞结构比较完整，而以乙酸钠为碳源（图 5-8b）和以淀粉为碳源（图 5-8d）培养的胶被新囊藻细胞破损严重，并且以葡萄糖和蔗糖为碳源培养的胶被新囊藻比以乙酸钠和淀粉为碳源培养的胶被新囊藻细胞颜色绿。结果表明，以乙酸钠和淀粉为碳源比以葡萄糖和蔗糖为碳源培养的胶被新囊藻细胞死亡较严重，色素含量也较少。

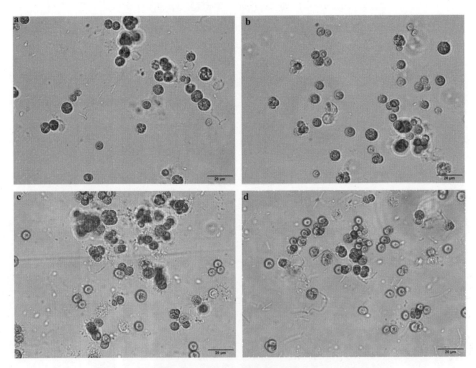

图 5-8　不同碳源污水培养的胶被新囊藻的光学显微照片

a：葡萄糖；b：乙酸钠；c：蔗糖；d：淀粉

5.3.4　碳源对胶被新囊藻去除污染物能力的影响

碳源对胶被新囊藻去除污染物能力的影响如图 5-9 所示。图 5-9 分别表示氨氮、总磷和化学需氧量的去除效率。模拟污水中的氨氮大约为 35 mg/L，经过 10 d 的培养，氨氮浓度显著降低。不同碳源之间的氨氮去除率存在差异。以葡萄糖为碳源的模拟污水的氨氮去除率最高，高达 98.02%；其次是以乙酸钠和淀粉为碳源的模拟污水，氨氮去除率分别为 96.20% 和 94.47%；以蔗糖为碳源的模拟污水氨氮去除率最低，为 90.43%。总磷的去除率不受碳源的影响。当胶被新囊藻在不同碳源的模拟污水中培养时，最终总磷的去除率在 21.67%~38.05%。同样，不同碳源之间的化学需氧量去除率存在差异。当胶被新囊藻在以淀粉为碳源的模拟污水中培养，化学需氧量的去除率仅为 67.92%，显著低于以葡萄糖、乙酸钠和蔗糖为碳源的模拟污水（分别为 92.38%、89.42% 和 91.74%）。这些结果表明，胶被新囊藻在不同碳源的模拟污水中培养能够去除污水中的污染物，对氨氮和化学需氧量这些污染物的去除能力较强，而对总磷的去除能力较低。

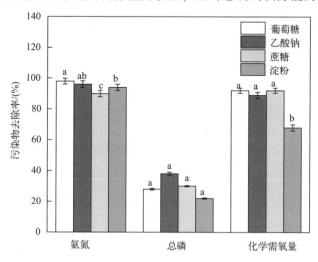

图 5-9　胶被新囊藻在不同碳源的污水中的污染物去除率

图中不同字母代表处理间差异显著（$p<0.05$）

5.4 讨论

污水成分复杂，通常不同的污水中含有的碳源种类是不同的，因此，研究碳源对胶被新囊藻 EPS 的影响可以为实际污水中微藻的絮凝和采收提供一些参考。

在本实验中，胶被新囊藻在以淀粉为碳源的模拟污水中培养产生的 EPS 的总量最多，以葡萄糖为碳源产生的 EPS 的总量最少。与微藻 EPS 相关研究的现状相比，研究者发现，污水中的碳源确实影响了活性污泥 EPS 的特性。淀粉培养的活性污泥中 EPS 的胞外蛋白质和多糖含量显著高于葡萄糖培养的活性污泥中 EPS 的胞外蛋白质和多糖含量（Wang et al., 2014）。很明显，我们的结果与先前报道的基本一致。如文献报道，葡萄糖作为一种简单的底物，其分子量小于 200 da，可被污泥中的细菌通过细胞膜直接代谢（Wang et al., 2014）。高分子量的淀粉必须水解成小分子，然后被污泥中的细菌消耗和利用（De Kreuk et al., 2010）。因此，大量胞外酶的分泌是 EPS 的重要组成部分，是活性污泥中胞外蛋白质含量增加的重要原因之一。此外，EPS 中有机物的水解使胞外多糖含量增加。所以研究人员普遍认为，胞外水解产物和酶的积累导致以淀粉为碳源培养的污泥中 EPS 含量显著增加。

然而，本研究对碳源差异造成胶被新囊藻 EPS 含量不同的原因有着不同的看法。如图 5-4 所示，以淀粉为碳源培养胶被新囊藻时，胶被新囊藻的 DHA 最低。DHA 反映的是藻细胞的活性状态，并且可以直接表明藻细胞降解基质的强弱（解军，2008）。因此，DHA 最低说明以淀粉为碳源培养胶被新囊藻抑制了藻细胞的活性，结果与以淀粉为碳源培养胶被新囊藻的化学需氧量去除率最低基本一致（见图 5-9）。传统的污水处理法（如活性污泥法）是通过多种微生物和污水中的有机、无机固体物质混合在一起分解和去除污水中有机物及氮、磷等污染物的生物处理方法。与传统污水处理法不同的是目前用藻类处理污水使用的是单一藻株（Li et al.，2019）。虽然小球藻（*Chlorella*）和栅藻（*Scenedesmus*）可以异养代谢一些简单的小分子有机物，但没有研究报道说它们可以代谢复杂的高分子有机物（Perez-Garcia et al.，2011）。Li 等（2019）报道了用微藻处理污水，氨氮去除率较高，与氨氮的高去除率相比，有机物的去除率较低。一个重要的原因是实际污水中含有大量的难降解的高分子有机物，这与本研究以淀粉为碳源培养的胶被新囊藻对化学需氧量的去除率较低的结果一致。在这种情况下，可以认为微藻处于易代谢碳源缺乏状态。如文献所报道的，微藻在胁迫条件下能产生更多的 EPS（Boonchai et al.，2015；Xiao et al.，2016；Gaignard et al.，2019）。因此，我们认为易代谢碳源缺乏是促进 EPS 合成的重要原因之一。

由于微藻可以进行光合作用，我们还分析了碳源对胶被新囊藻光合活性的影响（见图 5-6 和图 5-7）。以淀粉为碳源培养的胶被新囊藻叶绿素和类胡萝卜素含量显著低于以葡萄糖为碳源培养的胶被新囊藻（$p<0.05$）。尽管以淀粉为碳源培养的胶被新囊藻中叶绿素 b 的含量明显高于以葡萄糖为碳源，但以葡萄糖为碳源培养的胶被新囊藻中色素的总含量比以淀粉为碳源的高。除色素含量外，不同碳源培养的胶被新囊藻的叶绿素荧光参数（PI_{ABS}）也有显著性差异（$p<0.05$）。F_v/F_o 反映了 PS Ⅱ光合量子转换和光化学效率的变化，F_v/F_m 反映了 PS Ⅱ反应中心在完全开放状态下，PS Ⅱ在暗适应状态下的潜在光化学效率，PI_{ABS} 是一种以吸收光能为基础的性能指数。通常微藻在非胁迫条件下生长时 F_v/F_m 值仅仅是轻微波动，且与藻种或环境无关。然而，在胁迫条件下它会发生显著的变化。虽然 F_v/F_m 对碳源的变化没有显著的响应，但 PI_{ABS} 对碳源的变化有显著的响应。因此，PI_{ABS} 作为指示微藻生理状态和胁迫水平的指标，对环境胁迫的变化比 F_v/F_m 和 F_v/F_o 更为敏感。而且，它表明以淀粉为碳源培养的胶被新囊藻处于胁迫状态。这一结果再次证实了我们上述的讨论。

此外，我们还分析了胶被新囊藻细胞死亡的比例（见图 5-5）。以淀粉为碳源培养的胶被新囊藻细胞死亡的比例高达 31.51%，是以葡萄糖为碳源培养的胶被新囊藻细胞死亡比例的 4 倍。这一结果表明，以淀粉为碳源培养胶被新囊藻的过程中有大量的藻细胞死亡。因此，我们认为细胞裂解产物对 EPS 的产生也有重要贡献。

除了 EPS 的含量，化学结构也是 EPS 特性的重要组成部分。本研究采用 FTIR 对 EPS 的化学结构进行了分析。在本研究中，检测到 7 个特征峰。 3 170 ~ 3 234 cm^{-1} 处的特征吸收峰主要归因于 OH 的伸缩振动和 N-H 的振动 （Ueshima et al.，2008），2 920 ~ 2 940 cm^{-1} 处的吸收峰与 CH$_2$ 和 CH$_3$ 的不对称伸缩振动有关 （Ueshima et al.，2008），1 630 ~ 1 640 cm^{-1} 处的峰值是蛋白质 C=O 和 C-N （酰胺 I） 的伸缩振动 （Guibaud et al.，2003），1 410 ~ 1 420 cm^{-1}、1 230 cm^{-1} 和 1 040 ~ 1 060 cm^{-1} 处的峰值分别归属于羧酸中 C=O 的伸缩振动、羧酸中 C=O 的变形振动和多糖中 C-O-C 的伸缩振动 （Al-Qadiri et al.，2006；Parikh et al.，2006；Ueshima et al.，2008），902 ~ 950 cm^{-1} 处的峰值与磷、硫基团有关 （Guibaud et al.，2003）。这些结果表明，EPS 中亲水性官能团的数目大于疏水性官能团，这与碳源无关。由于亲水性官能团主要来源于多糖，我们认为多糖在 EPS 中占优势，这与微藻中多糖含量高的结果基本一致。此外，多糖中的主要亲水官能团，如羟基和羧基，可能在微藻絮凝过程中作为结合位点 （Guo et al.，2013；Alam et al.，2014）。虽然 FTIR 的峰位置和数目对碳源的变化没有响应，但各峰的强度有一定的差异，说明各化学基团的相对含量不同。

在本研究中也用 XPS 光谱测定了 EPS 中的主要元素。结果表明，含 C 和 O 官能团是 EPS 的主要官能团形式，与 FTIR 分析结果基本一致。利用高分辨 XPS-C 1s 谱对优势 C 元素的官能团进行了检测。如表 5-3 所示，检测到 4 种不同的官能团分别为 C- （C/H）、C-OH、C=O 和 O-C=O。官能团 C- （C/H） 通常代表 EPS 的疏水组分，官能团 C-OH、C=O 和 O-C=O 通常代表 EPS 的亲水组分 （Hou et al.，2015；Ali et al.，2018）。疏水组分的比例明显低于亲水组分的比例，与碳源无关。蛋白质是疏水官能团的重要来源（Huang et al., 2018），因此高分辨 XPS-C 1s 谱也显示胞外蛋白质含量是低的，这个结果再次支持了我们对 EPS 含量的分析。虽然 EPS 中的碳元素形态对碳源的变化没有响应，但与以葡萄糖、乙酸钠和蔗糖为碳源培养的胶被新囊藻相比，以淀粉为碳源培养的胶被新囊藻 EPS 具有较高的疏水组分比例和较低的亲水组分比例。尤其是以葡萄糖为碳源培养的胶被新囊藻，其 EPS 中亲水性基团 C-OH 和 C=O 的比例远高于以淀粉为碳源。由于亲水性基团 C-OH 和 C=O 在絮凝过程中起着结合位点的作用（Yu et al., 2009），我们推测这些基团在微藻的絮凝过程中起着重要作用，微藻的絮凝效率受碳源的影响。

此外，我们还分析了 EPS 胞外多糖的单糖组成。结果表明，多糖由甘露糖、葡萄糖醛酸、鼠李糖、半乳糖醛酸、葡萄糖、半乳糖和岩藻糖组成。Shi 等（2007）发现蛋白核小球藻（*Chlorella pyrenoidosa*）的多糖主要由甘露糖和葡萄糖组成。Guo 等（2013）报道了斜生栅藻（*Scenedesmus obliquus*）的多糖组成，包括葡萄糖、甘露糖、半乳糖、鼠李糖和果糖。Mishra 等（2009）发现杜氏盐藻（*Dunaliella salina*）胞外多糖中含有半乳糖、葡萄糖、木糖和果糖 4 种单糖。Alam 等（2014）报道了普通小球藻（*Chlorella vulgaris*）的多糖由葡萄糖、甘露糖和半乳糖组成。结果表明，不同种类的微藻 EPS 的单糖组成存在差异。用不同碳源培养的微藻单糖组成没有显著差异，但每种单糖组成的比例不同（见表 5-4）。在本研究中，虽然淀粉相比于其他 3 种碳源较难降解，但淀粉经过一系列的酶水解形成葡萄糖，代谢途径与其他 3 种碳源的代谢途径基本一致。因此，我们认为碳源的不同并没有改变碳代谢途径，因而对胞外多糖的组成没有影响。我们的结论与 Mishra 等（2009）报道的结论类似，盐胁迫虽然影响杜氏盐藻胞外多糖的产生，但不影响胞外多糖的单糖组成。

在本研究中，EEM 光谱也被用于表征 EPS 的特性。Chen 等（2003）将 EEM 光谱划分为 5 个区域。A 峰通常位于 Ex/Em = 285 nm/340 nm，为蛋白质类物质；B 峰位于 Ex/Em = 355 nm/440 nm，为腐殖酸类物质；C 峰位于 Ex/Em = 205 nm/370 nm，为芳香族蛋白质类物质；D 峰和 E 峰位于 Ex/Em = 230 nm/465 nm 和 Ex/Em = 245 nm/440 nm，为富里酸类物质。这些峰值常见于污泥的 EPS 中（Sheng et al., 2006；张亚超等, 2019），现在发现也存在于蓝藻、绿藻和硅藻的 EPS 中。然而，在我们的研究中只发现了 B 峰（见表 5-5）。此外，B 峰强度较低，与碳源无关（见表 5-5）。如前文献所述，高浓度的蛋白质具有丰富的峰和高的荧光强度（Sheng et al., 2006；Henderson et al., 2008；Zhu et al., 2012）。因此，少量弱荧光强度的峰恰好证实了本研究中胞外蛋白质的含量较低。

第6章　氮源对浅红栅藻
(*Scenedesmus rubescens*) 脱氮除磷效果
及其絮凝特性的影响研究

6.1　引言

氮是污水中重要的组成部分，也是导致水体富营养化的主要污染物，主要包括氨氮和硝氮两种形式的氮。一些研究报道，相比硝氮，微藻更容易吸收氨氮（Xin et al.，2010），因为它不涉及氧化还原反应和氨同化过程中额外的能量消耗（Cai et al.，2013）。此外，还有研究报道了不同氮源对微藻的培养过程和污染物去除的影响（Abe et al.，2002；Xin et al.，2010）。然而，不同氮源对自絮凝微藻污染物去除以及自絮凝特性的影响尚不清楚。本章研究了一株从土壤中分离出的自絮凝藻株在不同氮源下的氮、磷去除效果和絮凝特性，为利用自絮凝微藻进行污水处理及微藻采收提供一定的基础。

6.2　实验材料与方法

6.2.1　实验藻种

藻株由采自山西省庞泉沟自然保护区的土壤样品中分离纯化获得，经鉴定命名为浅红栅藻（*Scenedesmus rubescens*）。

6.2.2　实验设备与培养基

本研究所使用的 BG11 培养基和实验设备见第 2 章第 2.2.3 部分。所用的模拟污水，其配方见表 6-1。

表 6-1　模拟污水配方

成分	含量/（g/L）
$C_6H_{12}O_6$（葡萄糖）	0.4
KH_2PO_4	0.043 9
NaCl	0.064
$FeSO_4 \cdot 7H_2O$	0.009
$(NH_4)_2SO_4$（氨氮模拟污水）	0.189
$NaNO_3$（硝模拟污水）	0.243
$CaCl_2 \cdot 7H_2O$	0.057
$MgSO_4 \cdot 7H_2O$	0.018 5
$NaHCO_3$	0.01
H_3BO_3	2.86
$MnCl_2 \cdot 7H_2O$	1.81
$ZnSO_4 \cdot 7H_2O$	0.222
$CuSO_4 \cdot 5H_2O$	0.079
$Na_2MoO_4 \cdot 2H_2O$	0.390
$Co(NO_3)_2 \cdot 6H_2O$	0.049

配好的模拟污水经高压灭菌（120℃，30 min）后备用，测得其水质参数如下：化学需氧量浓度约为 400 mg/L；总磷浓度约为 10 mg/L；氨氮或硝氮浓度约为 45 mg/L；初始 pH 值约为 7.8。

6.2.3　实验设计

将富集培养至稳定期的微藻静置一晚，使藻细胞沉至底部，倒掉上清液，用已灭菌的去离子水反复洗涤藻体 2~3 次后接种至装有模拟污水的 1 L 锥心瓶中。起始接种浓度约为 200 mg/L，每种氮源设置 3 个平行组。接种后置于振荡速率为 160 r/min 的摇床上，培养温度为 25℃，光照为 3 000 lx，光暗时间比为 14 h∶10 h。从接种之日开始，对各项指标进行连续监测，直到其达到稳定期为止。

6.2.4　分析测定方法

（1）生物量的测定

藻细胞生物量的测定参照第 2 章第 2.2.6.1 部分。

（2）水质指标的测定

水质指标的测定参照第 2 章第 2.2.6.2 部分。

（3）脱氢酶（DHA）活性的测定

同第 4 章第 4.2.7 部分。

（4）藻类絮凝能力的测定

藻类絮凝能力的测定参照第 4 章第 4.2.4 部分。

（5）胞外聚合物（EPS）的提取和分析

根据 Lv 等（2019）提取胞外聚合物的方法，将混合藻液于 4 500 r/min 下离心 5 min，然后用去离子水洗涤藻体沉淀并再次以 4 500 r/min 下离心 5 min。之后，加入去离子水于 60℃ 水浴锅中热提取 30 min。再以 10 000 r/min 离心 5 min，收集上清液于干净试管中。胞外蛋白质含量采用考马斯亮蓝法测定，胞外多糖含量通过蒽酮比色法进行测定。

EPS 傅里叶变换红外光谱（FTIR）分析：同第 4 章第 4.2.6 部分。

X 射线光电子能谱（XPS）分析：为了获得 EPS 的主要元素组成，通过 X 射线电子能谱仪（Axis Ultra DLD）进行全谱扫描（20.0 eV）。

（6）油脂含量的测定和组分分析

油脂的提取参考 Bligh 等（1959）的方法。培养结束后，取 20 mL 的藻液离心去掉上清液，将收集的藻样转移至 10 mL 离心管中，加入 2 mL 氯仿，4 mL 甲醇，破碎 10 min 后 4 500 r/min 离心 10 min，将上清液转入另一个离心管中，加 2 mL 1%氯化钠溶液充分摇匀。静置分层，吸取下层油脂提取液到已称重过的试管中，重复上述步骤，直至藻体颜色变白。用氮气吹干后置于65℃烘箱中烘至恒重。为了测定油脂含量，同样取 20 mL 的藻液过滤烘干测定其干重。

利用如下公式计算油脂含量：

$$LM = \frac{M_1 - M_0}{M}$$

式中，LM 为油脂含量（mg/g）；M_1 为含油脂的试管重（mg）；M_0 为空试管的重（mg）；M 为 20 mL 藻液干重（g）。

脂肪酸组分分析：

将提取的油脂用氯仿溶解，取 1.5 mL 混合物置于 Agillient 玻璃瓶中，向其中加入 1 mL 1 mol/L 的硫酸甲醇溶液，摇匀后放入 100℃ 沸水浴中煮 1 h，冷却至室温，向其中加入 200 μL 超纯水，充分摇匀使其混合，再用 200 μL 正己烷静置萃取 3 次，合并有机相，转入到新的 1.5 mL 的 Agillient 玻璃瓶中，最后在 50℃ 烘箱中烘干备用。

采用气相色谱–质谱联仪器分析脂肪酸组成。色谱柱为 DB–23 石英毛细管柱，气相色谱仪工作程序为：柱温 50℃ 保持 1 min，以 40℃/min 的升温速度升至 170℃，保持 1 min，再以 18℃/min 的速度升至 210℃，保持 28 min；进样口温度为 270℃；分流比为 10∶1；进样量为 0.2 μL。定量分析采用峰面积归一化法计算脂肪酸组分的百分含量。

6.2.5 实验数据处理

本研究中，测量值采用平均数标准差表示，数据分析采用 SPSS 19.0 进行方差分析，为了使数据更具有统计学意义，选择 95% 的置信区间，即 $p<0.05$。用 SPSS 19.0 进行线性回归相关性分析，$p<0.05$ 时呈显著正相关。利用 Origin 8.5 软件进行数据绘图。

6.3　实验结果

6.3.1　氮源对浅红栅藻生长的影响

如图 6-1 所示，浅红栅藻可以在不同氮源的模拟污水中生长。培养
1 d 后，生物量浓度显著增加。在整个培养过程中，以硝氮模拟污水培养
的浅红栅藻的生物量浓度逐渐增加，并在培养结束时达到最大值 596 mg/L；
在氨氮模拟污水中培养的浅红栅藻于培养第 3 天生物量浓度就达到最大值
422.7 mg/L，在培养结束时生物量浓度下降至 409.3 mg/L。这些结果
表明，在硝氮模拟污水中，浅红栅藻的生长比在氨氮模拟污水中更好。
然而，当我们通过每天外源补充氢氧化钠溶液以调节氨氮污水 pH 时，
培养结束后微藻生物量浓度远高于硝氮污水中的生物量浓度，达到了
939.3 mg/L。

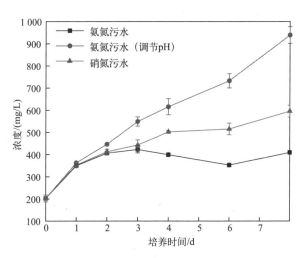

图 6-1　不同氮源污水中浅红栅藻生物量浓度特征

6.3.2 氮源对浅红栅藻污染物去除能力的影响

不同氮源污水中浅红栅藻污染物的去除情况见图 6-2。如图 6-2（a）所示，培养前 2 天，不同氮源污水中化学需氧量含量都急剧下降，与污水中氮源的类型无关。之后化学需氧量稳定维持在低位。培养结束后，化学需氧量去除率达到 66.19%~70.21%。

如图 6-2（b）所示，与化学需氧量的去除不同，氮在整个培养期间逐渐被去除。不同氮源之间的氮去除存在一些差异。硝氮污水培养的浅红栅藻最终氮的去除率为 58.27%；氨氮污水培养的浅红栅藻最终氮的去除率为 73.87%；通过调节 pH，氨氮污水培养的浅红栅藻最终氮的去除率为 97.69%。在本研究中，特定的氮去除率（R_N）根据 Aslan 等（2006）的公式稍做修改来计算。

$$R_N = \frac{C_n - C_0}{(t_n - t_0) \times DW_i}$$

式中，C_n 为在培养时间 n（d）的氮浓度（mg/L）；C_0 为初始氮浓度（mg/L）；DW_i 为微藻细胞的初始干重（g/L）。

调节 pH 和不调节 pH 的氨氮污水中浅红栅藻的 R_N 分别为 27.09 mgN/（g 干重·d）和 20.48 mg N/（g 干重·d），显著高于硝氮污水中浅红栅藻的 R_N [15.6 mg N/（g 干重·d）]。显然，浅红栅藻的氨氮去除率高于硝氮。通过对上述结果的综合分析，表明即使氨氮污水的 pH 呈酸性，浅红栅藻的氨氮去除能力也高于硝氮。

如图 6-2（c）所示，与氮的去除相似，总磷在整个培养期间被逐渐去除。当浅红栅藻在氨氮污水中培养时，最终总磷的去除率仅为 55.57%，显著低于在硝氮污水以及 pH 调节下氨氮污水（分别为 77.86% 和 99.77%）中。

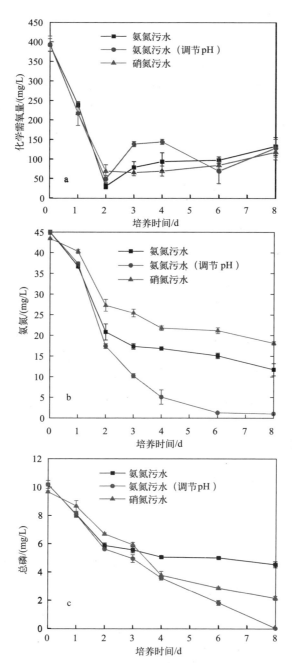

图 6-2　浅红栅藻对不同氮源模拟污水中污染物的去除情况

a：化学需氧量；b：氨氮；c：总磷

6.3.3　氮源对浅红栅藻自絮凝能力的影响

在 BG11 中培养的浅红栅藻表现出强烈的自絮凝能力。在此基础上，对不同氮源污水中浅红栅藻的絮凝特性进行评价。如图 6-3 所示，在培养的前 4 d，浅红栅藻的自絮凝效率从约 90% 降低至约 76%。之后自絮凝效率又明显提高，并在培养结束时达到较高水平（81.05%～90.9%）。

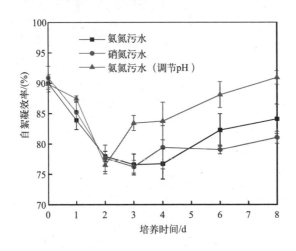

图 6-3　不同氮源模拟污水中浅红栅藻的自絮凝效率

如图 6-4 所示，测定了浅红栅藻的 EPS 含量。在培养的第 2～6 天，浅红栅藻的 EPS 多糖含量显著降低。之后 EPS 多糖含量又逐渐增加并在培养结束时达到较高水平。浅红栅藻的 EPS 蛋白质含量除了第 4 天有显著增加之外，其他时间含量很低并且基本处于相同水平。

如图 6-5 所示，通过线性回归分析，我们发现絮凝效率与 EPS 多糖含量之间存在显著的正相关关系，表明 EPS 多糖含量越高，絮凝效率越高。

进一步通过傅里叶红外光谱（FTIR）分析，揭示了不同氮源模拟污水中浅红栅藻 EPS 的化学结构。如图 6-6 所示，不同样品的 FTIR 峰的位置和强度非常接近，这表明氮源对化学基团的类型没有影响。

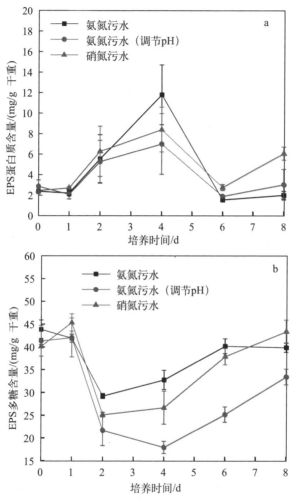

图 6-4　不同氮源模拟污水中浅红栅藻 EPS 的含量

a：EPS 蛋白质含量；b：EPS 多糖含量

　　本研究中，Mg^{2+} 和 Ca^{2+} 是模拟污水中两种重要的二价离子，我们分析
了这两种金属离子在 EPS 中的分布特征。如表 6-2 所示，当在硝氮污水中
培养浅红栅藻时，EPS 中的镁和钙浓度从第 2 天的 0.55% 和 1.05% 增加至第
8 天的 1.02% 和 1.47%。

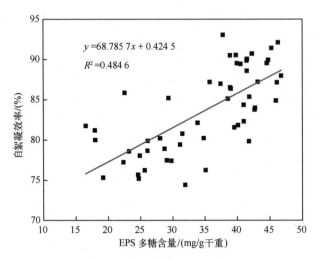

图 6-5 浅红栅藻自絮凝效率与 EPS 多糖含量的关系

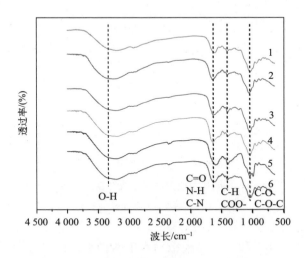

图 6-6 不同氮源污水中浅红栅藻 EPS 的 FTIR 光谱

1、2 和 3：培养第 2 天调节 pH 的氨氮污水、硝氮污水和氨氮污水中浅红栅藻 EPS 的光谱；

4、5 和 6：培养第 8 天调节 pH 的氨氮污水、硝氮污水和氨氮污水中浅红栅藻 EPS 的光谱

表 6-2 不同氮源污水中浅红栅藻 EPS 中 Mg²⁺和 Ca²⁺的浓度

污水类型	培养时间/d	元素比例/（%）	
		钙	镁
氨氮污水	2	1.24	0.41
	8	0.80	0.25
氨氮污水（调节 pH）	2	0.77	0.32
	8	0.99	0.36
硝氮污水	2	1.05	0.55
	8	1.47	1.02

6.3.4 氮源对浅红栅藻油脂含量及脂肪酸组分的影响

培养结束后，测定浅红栅藻的油脂含量，发现在氨氮污水、调节 pH 的氨氮污水以及硝氮污水中的油脂含量分别为 22.54%、25.80% 和 22.44%。我们进一步分析了不同氮源污水中浅红栅藻的脂肪酸组分特征。如表 6-3 所示，浅红栅藻脂肪酸主要由多不饱和脂肪酸组成。在氨氮污水、调节 pH 的氨氮污水以及硝态污水中浅红栅藻的多不饱和脂肪酸含量分别为 56.01%、64.39% 和 66.55%。未调节 pH 的氨氮污水中培养的浅红栅藻的油脂中检测到 C17:1 和 C18:1，而在调节 pH 的氨氮污水以及硝氮污水中没有检测到，且后两者脂肪酸组分类似。

表 6-3 不同氮源污水中浅红栅藻的脂肪酸组分特征

碳数	脂肪酸组分/（%）		
	氨氮污水	氨氮污水（调节 pH）	硝氮污水
C17:0	17.90	15.21	18.42
C17:1	11.57	—	—
C18:0	4.67	4.15	3.84
C18:1	6.79	—	—
C18:2	4.76	8.40	7.85

续表

碳数	脂肪酸组分/(%)		
	氨氮污水	氨氮污水（调节 pH）	硝氮污水
C18：3	7. 16	9. 24	9. 31
C19：1	—	12. 50	5. 09
C19：2	13. 33	16. 93	16. 78
C20：1	3. 06	3. 75	8. 1
C19：3	30. 76	29. 28	30. 61
饱和脂肪酸/(%)	22. 57	19. 39	22. 16
单不饱和脂肪酸/(%)	21. 42	16. 25	13. 19
多不饱和脂肪酸/(%)	56. 01	64. 39	66. 55

6.4　讨论

作为重要的氮源，氨氮和硝氮在污水中都广泛存在。对于微藻来说，与其他无机氮和有机氮相比，氨氮是能量效率最高的氮源，因为其同化消耗的能量较少（Perez-Garcia et al., 2011）。然而，在氨氮污水中，氨氮被藻细胞同化时，会释放大量的氢离子（H^+）到污水中，这导致污水的 pH 显著下降（Xin et al., 2010）。如图 6-7 所示，在用氨氮模拟污水培养浅红栅藻的过程中，培养前 3 天，污水的 pH 值从 7.82 降至 4.02，在之后的 5 d 内保持在 3.15~3.87。相反，在整个培养周期内，硝氮模拟污水的 pH 值从 7.76 逐渐增加到 10.59。因此，推测氨氮模拟污水中浅红栅藻生长较差和生物量产量的降低是由氨氮的消耗引起 pH 急剧下降导致的。这与之前的研究一致，在氨氮污水中，富油新绿藻（*Neochloris oleoabundans*）、双对栅藻（*Scenedesmus bijugatus*）和浅红栅藻的生长低于它们在硝氮污水中的生长（Li et al., 2008；Lin et al., 2011；Arumugam et al., 2013）。

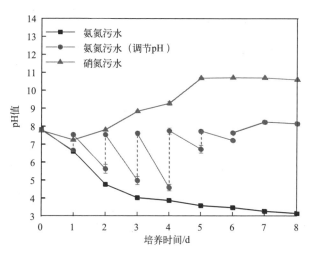

图 6-7　以不同氮源培养浅红栅藻时污水 pH 值随培养时间的变化

对于市政污水、畜禽养殖污水和其他污水，氨氮浓度远远高于硝氮
（Jiang et al., 2011；Wang et al., 2012）。因此，如何使浅红栅藻在氨氮污水
中生长得更好，值得关注。在本研究中，通过每天取样后添加氢氧化钠溶
液将氨氮模拟污水的 pH 值调节至 7.8 左右。如图 6-7 所示，从培养第 1 天
调节污水的 pH 值开始，污水的 pH 值始终高于 4.59。Wu 等（2013）报道
了利用单针藻（*Monoraphidium* sp.）处理污水，pH 值降至 4.4，不会影响
该藻株的生长。与此类似，浅红栅藻的生物量积累也支持了该结论。这表
明，调节 pH 后不会抑制浅红栅藻的生长。脱氢酶（DHA）反映了浅红栅藻
的代谢活性。如图 6-8 所示，用不同氮源培养的浅红栅藻的 DHA 活性顺序
为：氨氮污水（调节 pH）、硝氮污水、氨氮污水。基于上述结果和讨论，
可以得出氮源对浅红栅藻的生长有影响，这主要归因于氨氮消耗引起的 pH
值降低，抑制了浅红栅藻的生长。因此，当用含氨污水培养微藻时，控制
污水的 pH 值是非常重要的。

浅红栅藻去除污水中污染物的效率也受到了氮源种类的影响。尤其是
氨氮污水中培养的浅红栅藻对总磷的去除效率显著低于其对硝氮污水以及
pH 调节下氨氮污水中总磷的去除效率。磷可以通过微藻细胞同化作用去除，

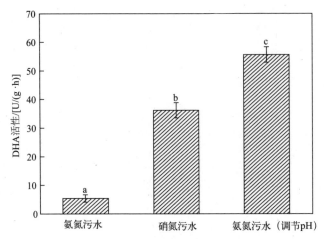

图 6-8　不同氮源污水中浅红栅藻的 DHA 活性

图中不同字母的数值代表差异性（$p < 0.05$）

也可以通过金属盐沉淀去除（De-Bashan et al., 2004）。pH 是影响磷沉淀过程的重要因素，碱性环境有利于磷的沉淀（Song et al., 2002；Nelson et al., 2003）。在本研究中，模拟污水中含有钙、镁等金属元素，且硝氮污水的 pH 呈碱性。结果表明，浅红栅藻在上述硝氮污水的培养中，磷的生物同化和化学沉淀同时存在。因此，与氨氮污水相比，即使硝氮的去除率低，硝氮污水中磷的去除效率也很高。浅红栅藻在 pH 调节下氨氮污水中具有最高的生物量，因此，微藻需要大量的磷来维持生长，这表明，在氨氮污水中几乎所有的磷都通过微藻吸收而去除。

　　自絮凝被认为是分离藻细胞与处理后废水有效的方法（Wan et al., 2015）。在本研究中，不同氮源模拟污水中培养的浅红栅藻的最终絮凝效率为 81.05% ~ 90.9%，与文献中其他自絮凝微藻的絮凝效率进行了比较（Salim et al., 2013；Lv et al., 2016），表明浅红栅藻在培养结束时具有良好的自絮凝效率。尽管浅红栅藻展示出较好的自絮凝效率且与氮源无关，但是其自絮凝效率呈现出动态变化特征，与其生长期有关。Konno（1993）和 Salim 等（2013）已经报道了微藻絮凝行为的生长阶段依赖性，其结果表明，稳定期的 *Ettlia texensis* 和线形菱形藻（*Nitzschia linearis*）均具有比指数期更优的絮凝效率。通过以上分析，我们初步认为，浅红栅藻可以适应氨氮和硝氮污水，并通过自絮凝有效地从污水中分离出来。考虑到该藻株的良好污染物去除能力，浅红栅藻可以作为污水处理中一种候选藻种，并在培养结束时对其进行有效的采收。

普遍认为，微藻的絮凝特性与 EPS 有关（Guo et al., 2013；Salim et al., 2014）。例如，普通小球藻（*Chlorella vulgaris*）和斜生栅藻（*Scenedesmus obliquus*）的絮凝是由胞外多糖介导的（Guo et al., 2013；Alam et al., 2014）。由于浅红栅藻和斜生栅藻都隶属于同一属，并且絮凝与 EPS 多糖含量之间存在显著相关性，因此认为，EPS 多糖含量与浅红栅藻的絮凝正相关是合理的。在分批培养的后期，较高的 EPS 多糖有利于藻细胞从污水中分离。进一步，我们采用 FTIR 表征出了浅红栅藻 的 EPS 中存在羟基、羧基、氨基等官能团。多糖中的主要官能团如羟基和羧基可在絮凝过程中作为结合位点（Guo et al., 2013；Alam et al., 2014）。此外，电荷中和也可能参与微藻的絮凝（Guo et al., 2013），EPS 中的氨基可以中和来自羧基的负电荷。综合 EPS 含量和 EPS 结构特征，我们认为高浓度 EPS 中的丰富官能团在微藻絮凝过程中起着重要作用。

除了 EPS 本身的性质外，环境因素如金属离子和 pH 对微藻培养过程中微藻的絮凝能力也很重要。有文献报道（Wu et al., 2012；Vandamme et al., 2015），在高 pH 值（10~10.5）下 Mg^{2+} 与 OH^- 结合，形成氢氧化镁沉淀。当 pH 值增加到 8.5 以上时，也会发生带正电荷的磷酸钙沉淀（Sukenik et al., 1984；Beuckels et al., 2013）。这些沉淀可通过电荷中和及清扫机制与藻细胞相互作用，最终诱导絮凝。结合本研究有关 EPS 中 Mg^{2+} 和 Ca^{2+} 浓度分析结果，我们认为，在高 pH 值诱导下 EPS 中的镁和钙沉淀也在微藻的絮凝过程中起重要作用。对于氨氮污水培养的浅红栅藻，EPS 的金属离子浓度相对较低，而且 pH 最高值低于 8.23。很明显镁和钙沉淀物不是诱导其絮凝的主要因素。Liu 等（2013）研究发现在 pH 值为 4.0 条件下雪绿球藻

（*Chlorococcum nivale*）、椭圆球藻（*Chloroidium ellipsoideum*）和栅藻（*Scenedesmus* sp.）能够达到最佳的絮凝效率。在该 pH 条件下，EPS 多糖的羧酸根离子接受质子，细胞的负电荷被中和，破坏了细胞的分散稳定性，从而使藻细胞聚集在一起。在本研究中，氨氮污水的 pH 值从培养的第 6 天降至 3.5 以下。此外，EPS 中也含有羧基。因此，浅红栅藻也可以在氨氮污水中絮凝。在调节 pH 的氨氮污水中，pH 值范围为 4.59~8.14，EPS 多糖含量最低，这些条件不利于藻细胞的聚集。因此，在培养结束时絮凝效率最低。本研究中，虽然浅红栅藻可以在不同氮源的模拟污水中絮凝，但硝氮污水（高 pH 值）中的絮凝效率优于氨氮污水（低 pH 值）。Pérez 等（2017）也报道了这种现象，表明在碱性条件下微藻生物质的回收率优于酸性条件。

此外，我们对不同氮源污水中收获的微藻油脂含量进行了分析。研究发现，浅红栅藻在调节 pH 的氨氮污水中油脂积累最多，浅红栅藻在不调节 pH 的氨氮污水与硝氮污水中油脂含量相差不大。班剑娇等（2013）对山西地区高脂微藻进行筛选和分离，并对 32 株微藻的总脂含量进行测定，发现总脂含量介于 5.4%~30.1%。其中，总脂含量高于 25% 的有 3 株，分别达到 30.09%、27.49% 和 26.27%。本研究中，浅红栅藻在调节 pH 的氨氮污水中油脂含量高于 25%，属于油脂含量较高的藻株。氮源是影响微藻生长和油脂积累的重要因素。陆向红（2013）发现氨氮更易被眼点拟微绿球藻利用，能更好地促进微藻生长和油脂积累。在本研究中，浅红栅藻在调节 pH 的氨氮污水中油脂含量最高也证明了这一观点。但浅红栅藻在未调节 pH 的氨氮污水中油脂含量稍低可能是与 pH 较低，使浅红栅藻生长受阻有关。油脂组成分析结果表明，诸如棕榈酸（C16:0）和油酸（C18:1）等被认为是生产生物柴油的最佳成分（Liu et al., 2011），在浅红栅藻中未被检测出或者含量较低。尽管如此，浅红栅藻脂肪酸组成中含有较多的亚油酸（C18:2 和 C19:2）和亚麻酸（C19:3），是人体和动物重要的必需脂肪酸，在食品工业和动物饲料方面有较大的应用前景。

第 7 章　FeCl₃ 对凯氏拟小球藻（*Parachlorella kessleri*）絮凝性能以及细胞生理活性的影响研究

7.1　引言

　　氯化铁（$FeCl_3 \cdot 6H_2O$）作为絮凝剂，具有易溶于水、絮凝速度快、应用范围广等优点，可用于环保、化工、造纸、石油等多个行业的废水处理（娄永江等，2016）。尽管氯化铁可以高效采收微藻（母锐敏等，2018），但是铁离子对细胞造成的氧化损伤会影响微藻的利用价值。因此，如何在保证絮凝效率的基础上降低氯化铁对微藻细胞的影响成为我们的关注点。本章内容主要研究了不同浓度氯化铁对凯氏拟小球藻（*Parachlorella kessleri*）絮凝效率、细胞表面特征、细胞形态变化、生理活性和总脂含量的影响，旨在找到适宜的氯化铁浓度使其较好地絮凝微藻的同时，尽可能不影响微藻细胞的生理活性。

7.2　实验材料与方法

7.2.1　实验藻种

　　本研究采用的藻种为凯氏拟小球藻，属于绿藻门拟小球藻属，是从山西省太原市的土壤中分离得到的，为一株富油微藻。

7.2.2 实验设备与培养基

本研究所使用的 BG11 培养基和实验设备见第 2 章第 2.2.3 部分。本研究所用的市政污水取自太原市豪峰污水处理厂的初沉池入水口，现用现取。

7.2.3 藻种预培养

将凯氏拟小球藻接种到装有 200 mL BG11 培养基的 250 mL 三角瓶中，放在恒温培养室中进行富集培养，每天用手摇匀 3 次。设置培养条件：温度为 25 ℃，光照强度为 3 000 lx，光暗周期比为 14 h∶10 h，摇床转速为 160 r/min。

7.2.4 市政污水预处理

将浑浊的市政污水用纱布和滤纸过滤，除去较大的杂质颗粒，变得澄清透明，呈淡黄色。预处理不会影响市政污水中的可溶性污染物浓度。测定市政污水污染物中化学需氧量、氨氮、硝氮和总磷的初始浓度分别为 102.2 mg/L、39.4 mg/L、0.81 mg/L 和 2.97 mg/L。市政污水的初始 pH 值约为 8.1。

7.2.5 实验设计

将培养至对数生长期的凯氏拟小球藻静置 24 h，倒掉上清液。用灭菌的去离子水洗涤藻体，再静置 24 h，倒掉上清液，如此重复 3 次，消除培养基成分对市政污水中污染物浓度的影响。加入少许灭菌去离子水得到浓缩藻液，然后接种到装有 600 mL 市政污水的 1 L 三角瓶中，接种浓度为 200 mg/L 左右，放在恒温培养室中的摇床上进行培养。在培养期内，每隔

48 h测定市政污水中的微藻生理指标以及污染物浓度。待市政污水中的大部分污染物被微藻细胞去除即培养期结束。

微藻培养 8 d 后，市政污水中的污染物基本已被去除，此时污水中的微藻生物量约为 450 mg/L，pH 值约为 9.3。本研究中采用无机絮凝剂氯化铁来评价絮凝剂浓度和絮凝时间对絮凝效率的影响。向微藻悬浮液中加入不同剂量的氯化铁溶液，使其中的氯化铁浓度分别为 50 mg/L、75 mg/L、100 mg/L、150 mg/L 和 200 mg/L，用玻璃棒搅匀 30 s 后静置并开始计时。然后测定不同浓度氯化铁和絮凝时间对凯氏拟小球藻絮凝效率、细胞表面特征、细胞形态变化、生理活性和总脂含量的影响。

7.2.6　分析测定方法

（1）生物量的测定

藻细胞生物量的测定参照第 2 章第 2.2.6.1 部分。

（2）水质指标的测定

水质指标的测定参照第 2 章第 2.2.6.2 部分。

（3）藻类絮凝能力的测定

藻类絮凝能力的测定参照第 4 章第 4.2.4 部分。

（4）Zeta 电位和粒径的测定

Zeta 电位和粒径是使用纳米粒度电位仪进行测定的。首先取混匀的藻液 25 mL 于多个 100 mL 小烧杯中，加入不同剂量的现配氯化铁溶液，使藻液中的氯化铁浓度分别为 0、50 mg/L、75 mg/L、100 mg/L、150 mg/L 和 200 mg/L，用玻璃棒搅匀 30 s 后开始计时。分别在 5 min 和 40 min 时摇匀，用去掉针头的注射器吸取藻液加入对应的样品池中，放入纳米粒度电位仪，对微藻细胞表面 Zeta 电位和絮体粒径进行测定。

（5）细胞形态观察

微藻细胞形态是用伊文思蓝染色后，在倒置显微镜下观察的。细胞染色原理是伊文思蓝可以通过破裂的细胞膜进入细胞质，并将细胞质染成蓝色。所以死亡的微藻细胞会变成蓝色，而完整的活细胞不会被染色（Papazi et al., 2010）。

取混匀的藻液 25 mL 于多个 100 mL 小烧杯中，加入不同剂量的现配氯化铁溶液，使藻液中的氯化铁浓度分别为 0、50 mg/L、75 mg/L、100 mg/L、150 mg/L 和 200 mg/L，用玻璃棒搅匀 30 s，开始计时。分别在 5 min 和 40 min 时摇匀，取 2 mL 于 10 mL 离心管中，经 5 000 r/min 离心 5 min，倒掉上清液。加入 2 mL 磷酸盐缓冲液，用快速混匀器混匀，再经 5 000 r/min 离心 5 min，倒掉上清液，如此重复 3 次，除去过量的氯化铁。然后加入 200 μL 1% 的伊文思蓝溶液，用快速混匀器混匀，在室温下培养 3 h，再用磷酸盐缓冲液洗涤、离心、倒掉上清液，重复 3 次，除去过量的伊文思蓝。最后，加入 2 mL 磷酸盐缓冲液并混匀，使用倒置显微镜观察细胞形态并拍照。

（6）生物酶活性的测定

首先进行藻液絮凝和预处理：取混匀的藻液 25 mL 于多个 100 mL 小烧杯中，加入不同剂量的现配 $FeCl_3$ 溶液，使藻液中的 $FeCl_3$ 浓度分别为 0、50 mg/L、75 mg/L、100 mg/L、150 mg/L 和 200 mg/L，用玻璃棒搅匀 30 s，开始计时。分别在 5 min 和 40 min 时摇匀，取 10 mL 于 10 mL 称重过的离心管中，经 5 000 r/min 离心 5 min，倒掉上清液。加入 10 mL 磷酸盐缓冲液，用快速混匀器混匀，再经 5 000 r/min 离心 5 min，倒掉上清液，如此重复 3 次，以除去过量的 $FeCl_3$。

细胞处理后，植物脱氢酶（PDHA）、超氧化物歧化酶（SOD）和过氧化氢酶（CAT）活性是使用北京索莱宝科技有限公司和南京建成生物工程研究所有限公司的生化试剂盒测定的。

（7）叶绿素含量及叶绿素荧光参数的测定

叶绿素含量及叶绿素荧光参数的测定参照第 2 章第 2.2.6.4 部分。

（8）油脂含量的测定

油脂含量的测定参照第 6 章第 6.2.4 部分。

7.2.7　实验数据处理

在本研究中，每组实验均设置3个重复，所有测得数据都用平均值加标准差表示。并使用SPSS 19.0软件中的单因素方差分析功能对数据进行显著性分析，当$p<0.05$时表示在统计学上具有显著性差异，并用不同的字母标记来表示。使用Origin 8.5软件进行实验数据绘图。

7.3　实验结果

7.3.1　不同浓度FeCl$_3$对凯氏拟小球藻悬浮液絮凝效率的影响

凯氏拟小球藻悬浮液经过不同浓度的FeCl$_3$处理后，其絮凝效率相关结果如图7-1所示。当FeCl$_3$浓度在0～100 mg/L范围内，随着FeCl$_3$浓度的增加，絮凝效率显著提高（$p<0.05$）。在本实验中，当FeCl$_3$浓度为

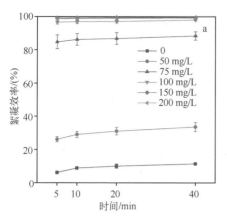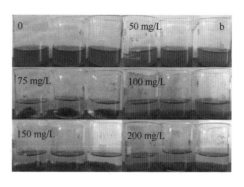

图7-1　不同浓度FeCl$_3$处理下凯氏拟小球藻的絮凝效率和絮凝效果

a：絮凝效率；b：絮凝效果图例

100 mg/L且絮凝时间为 5 min 时，微藻悬浮液的絮凝效率达到了 96.7%。但是藻液中的 $FeCl_3$ 浓度超过 100 mg/L 后，随着 $FeCl_3$ 浓度的增加，絮凝效率并没有显著提高。此外，我们发现不同浓度 $FeCl_3$ 处理下，凯氏拟小球藻悬浮液的絮凝效率并没有随着絮凝时间延长而有显著提升。

7.3.2 不同浓度 $FeCl_3$ 对凯氏拟小球藻 Zeta 电位和絮体粒径的影响

使用不同浓度的 $FeCl_3$ 处理微藻悬浮液后，凯氏拟小球藻细胞表面的 Zeta 电位如图 7-2a 所示。当藻液中的 $FeCl_3$ 浓度从 0 增加到 75 mg/L，絮凝 5 min 后，凯氏拟小球藻细胞表面的 Zeta 电位从 -25.1 mV 上升到 -23.8 mV。而当 $FeCl_3$ 浓度达到 100 mg/L 时，Zeta 电位显著上升到 -19.6 mV （$p<0.05$）。$FeCl_3$ 的浓度继续增加到 150 mg/L 和 200 mg/L 时，Zeta 电位显著上升到 -9.8 mV 和 -3.4 mV （$p<0.05$）。但是随着絮凝时间延长到 40 min，细胞表面的 Zeta 电位与 5 min 时相比没有显著变化。

使用不同浓度的 $FeCl_3$ 处理凯氏拟小球藻悬浮液后，上清液中悬浮絮体的粒径如图 7-2b 所示。由于絮体粒径测定过程耗时较长，絮凝后的藻液加到样品池中后，絮体很快沉降到样品池底部，所以测定得到的结果是悬浮在上清液的絮体粒径。因此上清液中的絮体粒径越小，说明悬浮在上层中的微藻细胞越少，即絮凝效率越高。对照组静置 5 min 后的粒径最大，为 6 411 nm。当凯氏拟小球藻悬浮液中的 $FeCl_3$ 浓度增加到 50 ~ 150 mg/L 时，絮体粒径显著降低到 916 ~ 3 076 nm （$p<0.05$）。但是当 $FeCl_3$ 浓度继续增加到 200 mg/L 时，粒径没有继续降低反而是稍微升高。薛蓉等 （2012） 发现过量的 $FeCl_3$ 会使细胞带有正电荷而相互排斥，絮凝效果反而会变差。当絮凝时间延长到 40 min 时，对照组的粒径显著降低 （$p<0.05$），这是因为一些悬浮的微藻细胞在重力作用下沉降到底部。除对照组外，40 min 时的絮体粒径结果与 5 min 时相比并没有显著变化。

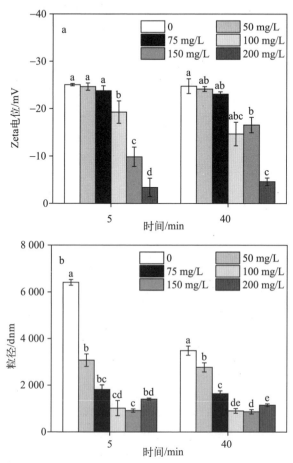

图 7-2　不同浓度 FeCl₃处理下凯氏拟小球藻的 Zeta 电位（a）和
上清液中悬浮絮体的粒径（b）

图中不同字母代表处理间差异显著（$p<0.05$）

　　以上结果表明，加入 FeCl₃确实会使凯氏拟小球藻细胞加快形成絮体，有效促进了微藻悬浮液的絮凝。此外，絮凝效率与 FeCl₃浓度显著相关，而与絮凝时间几乎不相关。但并不是 FeCl₃浓度越高，絮凝效率越高。本研究得出，微藻悬浮液中的 FeCl₃浓度为 100 mg/L 且絮凝时间为 5 min，可以达到良好的絮凝效率。

7.3.3 不同浓度 FeCl₃对凯氏拟小球藻细胞活性的影响

在基于微藻培养的污水处理工艺中，絮凝采收微藻细胞的存活率不仅影响下游高附加值产品的生产，同时也影响絮凝采收微藻作为接种生物质处理污水的性能。因此，有必要评价不同浓度 $FeCl_3$ 处理下凯氏拟小球藻细胞的活力。伊文思蓝染色法是良好的细胞活力指标，因为死亡细胞会被染成深蓝色而活细胞不会被染色。

如图 7-3 所示，自然条件下的凯氏拟小球藻细胞不会被染色，呈浅绿色。当藻液中的 $FeCl_3$ 浓度为 50～100 mg/L 且絮凝时间为 5 min 时，只

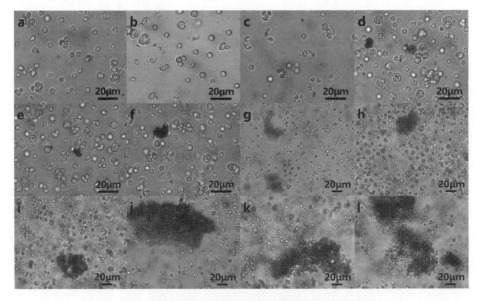

图 7-3　不同浓度 $FeCl_3$ 处理下凯氏拟小球藻的显微照片

a：未添加 $FeCl_3$ 5 min；b：未添加 $FeCl_3$ 40 min；c：50 mg/L $FeCl_3$ 絮凝 5 min；d：50 mg/L $FeCl_3$ 絮凝 40 min；e：75 mg/L $FeCl_3$ 絮凝 5 min；f：75 mg/L $FeCl_3$ 絮凝 40 min；g：100 mg/L $FeCl_3$ 絮凝 5 min；h：100 mg/L $FeCl_3$ 絮凝 40 min；i：150 mg/L $FeCl_3$ 絮凝 5 min；j：150 mg/L $FeCl_3$ 絮凝 40 min；k：200 mg/L $FeCl_3$ 絮凝 5 min；l：200 mg/L $FeCl_3$ 絮凝 40 min

有少量细胞被染成蓝色，这表明绝大多数细胞的细胞膜完整，细胞活力较高，低浓度的 $FeCl_3$ 没有对细胞造成明显损伤。但是当藻液中的 $FeCl_3$ 浓度增加到 150 ~200 mg/L 时，大量细胞破裂死亡，被染成深蓝色。此外，随着絮凝时间从 5 min 增加到 40 min，除对照组以外其他各组藻液中的细胞死亡数量明显上升，这说明延长絮凝时间不利于凯氏拟小球藻细胞存活。

7.3.4　不同浓度 $FeCl_3$ 对凯氏拟小球藻植物脱氢酶活性的影响

植物脱氢酶（PDHA）活性也可以被用来评价细胞活力。如图 7-4 所示，在自然条件下，凯氏拟小球藻的 PDHA 活性为 30.1 U/(g·h)。当藻液中的 $FeCl_3$ 浓度为 50 mg/L 和 75 mg/L 且絮凝时间为 5 min 时，PDHA 活性显著升高（$p<0.05$）。但是继续增加 $FeCl_3$ 浓度后，细胞的 PDHA 活性显著降低（$p<0.05$）。当 $FeCl_3$ 浓度达到 200 mg/L 时，PDHA 活性降低到极低水平。当絮凝时间为 40 min 时，低浓度 $FeCl_3$ 组（50 mg/L、75 mg/L）

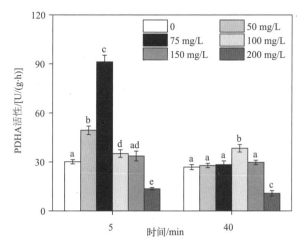

图 7-4　不同浓度 $FeCl_3$ 处理下凯氏拟小球藻的 PDHA 活性

图中不同字母代表处理间差异显著（$p<0.05$）

的细胞 PDHA 活性回落到与对照组相同水平，高浓度 FeCl$_3$组（100 mg/L、150 mg/L、200 mg/L）的细胞 PDHA 活性与 5 min 时相似。这说明，低浓度的 FeCl$_3$可以在短时间内刺激凯氏拟小球藻细胞的活性升高。但是高浓度的 FeCl$_3$会对微藻细胞产生负面影响，包括细胞损伤和生物酶活性降低等。

7.3.5　不同浓度 FeCl$_3$对凯氏拟小球藻细胞光合活性的影响

本实验中评价了不同浓度 FeCl$_3$对凯氏拟小球藻细胞光合作用的影响，实验结果包括叶绿素含量（图 7-5a：叶绿素 a；图 7-5b：叶绿素 b；图 7-5c：类胡萝卜素）和叶绿素荧光参数（图 7-5d：F_v/F_m；图 7-5e：F_v/F_o；图 7-5 f：PI_{ABS}）。向凯氏拟小球藻悬浮液中加入 FeCl$_3$后，凯氏拟小球藻细胞中的叶绿素 a 含量和类胡萝卜素含量有下降的趋势，而叶绿素 b 含量有稍微上升的趋势。在本实验中，当藻液中的 FeCl$_3$浓度达到200 mg/L 时，凯氏拟小球藻的 F_v/F_m、F_v/F_o 和 PI_{ABS} 值都显著降低（$p<0.05$），且随着絮凝时间延长到 40 min 时，降低幅度更加显著。这表明，高浓度的 FeCl$_3$会明显抑制凯氏拟小球藻的光合活性，且随时间延长会更加严重。

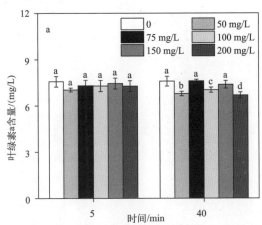

图 7-5　不同浓度 FeCl$_3$处理下凯氏拟小球藻的叶绿素含量和叶绿素荧光参数（一）

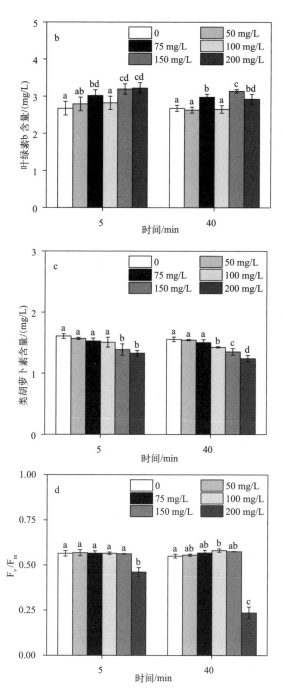

图 7-5　不同浓度 FeCl₃处理下凯氏拟小球藻的叶绿素含量和叶绿素荧光参数（二）

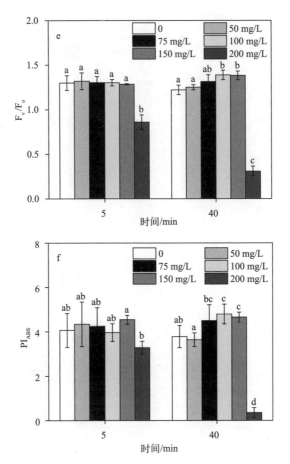

图 7-5　不同浓度 FeCl₃ 处理下凯氏拟小球藻的叶绿素含量和叶绿素荧光参数（三）

a：叶绿素 a；b：叶绿素 b；c：类胡萝卜素；d：F_v/F_m；e：F_v/F_o；f：PI_{ABS}

图中不同字母代表处理间差异显著（$p<0.05$）

7.3.6　不同浓度 FeCl₃ 对凯氏拟小球藻抗氧化酶活性的影响

如图 7-6 所示，当使用不同浓度 FeCl₃ 絮凝 5 min 后，50 mg/L 组的超氧化物歧化酶（SOD）活性较对照组有所升高。但是 FeCl₃ 浓度增加到 75 mg/L 和 100 mg/L 后，SOD 活性降低到较低水平，而 FeCl₃ 浓度继续增

加到 150 mg/L 和 200 mg/L 后，SOD 活性又显著升高（$p<0.05$）。当絮凝
时间延长到 40 min 时，较低浓度 FeCl₃ 组的 SOD 活性稍微下降，而较高浓度
FeCl₃ 组的 SOD 活性稍微升高。与 SOD 活性不同的是，随着藻液中的 FeCl₃
浓度越来越高，过氧化氢酶（CAT）活性也随之升高。在 FeCl₃ 浓度为
200 mg/L 时，CAT 活性达到最高。随着絮凝时间延长到 40 min，0 ~
150 mg/L 组的 CAT 活性有所升高，但是 200 mg/L 组的 CAT 活性急剧下降。

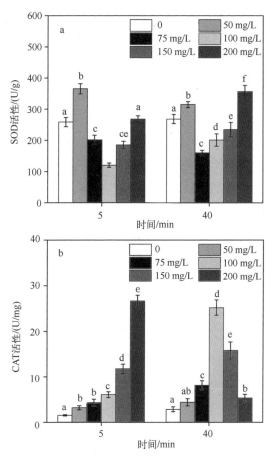

图 7-6　不同浓度 FeCl₃ 处理下凯氏拟小球藻的 SOD 活性（a）和 CAT 活性（b）

图中不同字母代表处理间差异显著（$p<0.05$）

7.3.7 不同浓度 $FeCl_3$ 对凯氏拟小球藻总脂含量的影响

为了研究 $FeCl_3$ 对凯氏拟小球藻总脂含量的影响，我们测定了不同浓度 $FeCl_3$ 处理下细胞的总脂含量，结果如图 7-7a 所示，是以提取到的总脂重量除以絮凝采收的微藻干重得到的。结果显示，随着藻液中的 $FeCl_3$ 浓度越来

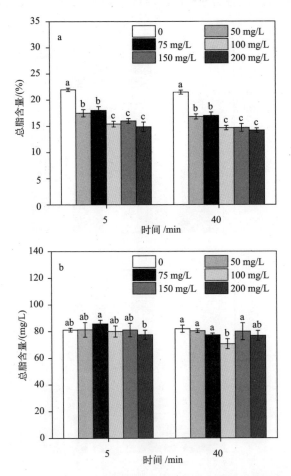

图 7-7 不同浓度 $FeCl_3$ 处理下的凯氏拟小球藻的总脂含量

a：提取的总脂重量除以采收的微藻干重计算得到；b：提取的总脂重量除以藻液体积
（包含等量的微藻生物质）计算得到；图中不同字母代表处理间差异显著（$p < 0.05$）

越高，凯氏拟小球藻的总脂含量呈下降的趋势。但是在处理实验数据时发
现，由相同体积藻液得到的微藻干重也随 FeCl₃ 浓度升高而升高，分析后得
出可能是由于 Fe^{3+} 紧密附着在微藻细胞上使微藻干重增加，导致总脂含量
下降。为了消除 Fe^{3+} 重量对总脂含量的影响，我们又计算了单位体积藻液
（包含等量的微藻生物质）中的总脂重量，结果如图 7-7b 所示。实际上，
FeCl₃ 絮凝采收对凯氏拟小球藻的总脂含量影响甚微。

7.4　讨论

本研究发现，FeCl₃能够有效地絮凝凯氏拟小球藻悬浮液中的细胞。Lv
等（2016）的研究表明，凯氏拟小球藻的胞外聚合物中含有较多的亲水基
团。亲水性藻细胞的 Lewis 酸-碱水合作用力表现为斥力，其大小随亲水程
度提高而增大。同时，微藻细胞外壁具有羟基、羧基、巯基和氨基等带负
电荷基团，大量负电荷的存在使细胞之间产生了静电斥力（张芳等，2012）。
通常微藻细胞之间的静电斥力较大，这是导致微藻细胞在水中稳定悬浮的
主要原因。向微藻悬浮液中加入 FeCl₃后，电离出的 Fe^{3+} 可以与凯氏拟小球
藻细胞表面的负电荷发生中和，导致细胞之间的静电斥力减小，增加细
胞碰撞的概率，使细胞形成絮体并沉降。与此同时，部分 Fe^{3+} 水解生成
$Fe(OH)_3$ 胶体，通过吸附架桥、网捕卷扫等机制捕获悬浮的微藻细胞，最
后在重力作用下沉淀到底层。

Seo 等（2015）发现，在 FeCl₃浓度为 200 mg/L 且 pH 值约为 3 的处理
条件下，小球藻（*Chlorella* sp.）悬浮液达到了预期的絮凝效率（约90%）。
当 FeCl₃浓度降低到 100 mg/L 时，絮凝效率显著降低（$p<0.05$）。而 FeCl₃
浓度增加到 300 mg/L 时，絮凝效率与 200 mg/L 相比并没有显著提高。
Kong 等（2020）发现当藻液中 Fe^{3+} 的浓度从 0 增加到 45 μmol/L 时，栅藻
（*Scenedesmus* sp.）的絮凝效率从 50% 提高到 91.2%。当 Fe^{3+} 的浓度继续增

加到 4 500 μmol/L 时，絮凝效率略有提高，为 97.1%。这些研究结果表明，$FeCl_3$ 是一种潜在的微藻采收絮凝剂。在不同的研究中，要达到良好的絮凝效率，使用的 $FeCl_3$ 浓度是不同的，这可能与不同的实验条件有关，比如，生物量浓度、微藻种类、pH 值、絮凝实验参数等。

光合作用是所有绿色植物细胞内最重要的生理活动，它直接影响细胞生长过程，对微藻具有重要意义（李永富，2014）。光合作用的各项指标也可以反映细胞的生理活性。我们的研究发现，$FeCl_3$ 的加入会使凯氏拟小球藻细胞中的叶绿素 a 含量和类胡萝卜素含量有下降的趋势，而叶绿素 b 含量有稍微上升的趋势，这与 Papazi 等（2010）的研究结果一致。叶绿素荧光分析是研究植物细胞光合生理状态的新技术，是研究植物光合作用的良好探针（赵会杰等，2000）。其中 F_v/F_m 代表在暗适应条件下，光合系统 II（PS II）反应中心完全开放时的最大光化学效率（Eagles et al.，2018）；F_v/F_o 反映了 PS II 光合量子转换和光化学效率的变化（陈贻竹等，1995；张守仁，1999）；PI_{ABS} 表示 PS II 光能吸收的整体性能指数（高杰等，2016；Wang et al.，2016）。一般来说，在正常条件下生长的微藻的 F_v/F_m 值大致相同（Ji et al.，2018）。然而，在胁迫条件下，F_v/F_m 和 PI_{ABS} 值会发生明显变化，并且 PI_{ABS} 对外部环境变化更加敏感。因此，叶绿素荧光参数值的变化特征使其成为反映细胞光合活性的重要指标。冯力霞（2006）认为叶绿素荧光参数与微藻细胞生长密切相关，可以反映逆境胁迫对光合作用的影响。冯建灿等（2002）研究发现，逆境胁迫不仅会导致微藻细胞光合结构的损伤，还会抑制细胞光合系统的电子传递链及暗反应中有关酶活性。本研究中，我们发现高浓度的 $FeCl_3$ 会明显抑制凯氏拟小球藻的光合活性，且随时间延长会更加严重，表明 $FeCl_3$ 一定程度上能够抑制藻细胞活性。

铁元素参与细胞内叶绿素合成过程，是藻类细胞生长所需的基本微量元素（王洁玉，2017）。Miazek 等（2015）研究表明，Fe^{3+} 不仅可以作为微藻细胞光合系统电子传递蛋白组分，同时也是催化硝氮还原和氮同化过程的相关酶的辅助因子。张铁明（2006）发现微量的 Fe^{3+}（0.05 ~0.5 mg/L）

能促进斜生栅藻生长，但是当 Fe^{3+} 浓度大于 21.9 mg/L 时，斜生栅藻的相对生长率开始下降，达到 91.9 mg/L 时，斜生栅藻开始出现负增长。Vassiliev 等（1995）研究发现，缺乏铁元素会对杜氏盐藻的细胞生长和光合作用产生负面影响，特别是抑制光合系统 Ⅱ（PSⅡ）的光合效率。这些研究表明，低浓度的 Fe^{3+} 是微藻细胞进行生理活动不可缺少的，但是高浓度的 Fe^{3+} 不利于微藻细胞的生长，这与我们的研究结果基本一致。

如上所述，当使用高浓度的 FeCl₃絮凝微藻时，凯氏拟小球藻细胞会处于胁迫条件下并可能受到氧化性损伤。正常情况下，活性氧（ROS）可以在细胞生长及细胞内信号转导等过程中发挥重要作用。当细胞处于胁迫条件下就会产生大量 ROS，这会导致核酸、蛋白质等受到氧化损伤（Valko et al.，2004；李新，2018）。抗氧化酶类是细胞抗氧化防御系统中的主要作用成分，包括超 SOD 和 CAT 等（李新，2018）。抗氧化酶类在细胞的氧化与抗氧化平衡中发挥了重要作用，它们可以清除细胞内过量的 ROS，使细胞不会受到氧化损伤，这是植物细胞耐受胁迫条件的主要机制之一（王俊，2012；王珊珊，2013）。SOD 和 CAT 对细胞活性的变化具有显著响应，经常被用作生物标记指示细胞内 ROS 的含量（熊邦，2013）。因此，有必要评价不同浓度 FeCl₃絮凝后的凯氏拟小球藻细胞的抗氧化酶活性。我们的研究发现，随着藻液中的 FeCl₃浓度增加到较高浓度（> 100 mg/L），凯氏拟小球藻的抗氧化酶活性也显著升高（$p < 0.05$），这与熊邦（2013）以及李新（2018）的研究结果相似。较高的 SOD 活性和 CAT 活性意味着，在高浓度的 FeCl₃作用下，凯氏拟小球藻细胞内产生了过量的 ROS 并引起细胞发生氧化应激反应。实验结果表明，一旦增加的抗氧化酶活性不足以清除高浓度 FeCl₃诱导产生的 ROS 时，过量积累的 ROS 会导致细胞死亡（Li et al.，2011；郭俊燕，2018）。基于这些结果，我们建议使用 FeCl₃絮凝采收微藻时，FeCl₃的浓度不超过 100 mg/L，以确保微藻细胞不会受到强氧化损伤。

在之前的研究中，凯氏拟小球藻被认定为一株富油微藻。因此，从市政污水中絮凝采收的凯氏拟小球藻有潜力作为生物柴油生产的原料。本研究发现，$FeCl_3$ 絮凝采收对凯氏拟小球藻的总脂含量影响甚微。高影影（2013）的研究结果表明，当培养基中有微量铁离子存在时，海洋小球藻的油脂含量明显比无铁培养基中的高。Liu 等（2008）研究表明，向培养基中添加 0.012 mmol/L 的 $FeCl_3$ 后，微藻总脂含量达到干重的 56.6%。Kong 等（2020）发现在 45 μmol/L 的 Fe^{3+} 下，栅藻（*Scenedesmus* sp.）的总脂含量为 37.1%，但是当 Fe^{3+} 的浓度增加到 4 500 μmol/L 会导致总脂含量下降。根据上述研究描述，本研究中絮凝微藻的 Fe^{3+} 浓度远高于可以促进微藻脂质积累的 Fe^{3+} 浓度。因此，本研究中作为絮凝剂使用的 $FeCl_3$ 并不能促进微藻脂质积累。

参考文献

白志英，李存东，赵金锋，等.2011.干旱胁迫对小麦代换系叶绿素荧光参数的影响及染色体效应初步分析［J］.中国农业科学，44（1）：47-57.

班剑娇，冯佳，谢树连.2013.山西地区高脂微藻的分离筛选［J］.植物科学学报，31（4）：415-421.

毕列爵，胡征宇.2004.中国淡水藻志　第八卷　绿藻门　绿球藻目（上）［M］.北京：科学出版社.

陈长平，徐华林，梁君荣，等.2013.镉离子对红树林底栖硅藻新月筒柱藻胞外多糖的影响［J］.厦门大学学报（自然科学版），52（1）：122-126.

陈春云，庄源益，方圣琼.2009.小球藻对养殖废水中N、P的去除研究［J］.海洋环境科学，28（1）：9-11.

陈小锋.2012.我国湖泊富营养化区域差异性调查及氮素循环研究［D］.南京：南京大学.

陈晓峰，逄勇，颜润润.2009.竞争条件下光照对两种淡水藻生长的影响［J］.环境科学与技术，32（6）：6-11.

陈贻竹，李晓萍，夏丽，等.1995.叶绿素荧光技术在植物环境胁迫研究中的应用［J］.热带亚热带植物学报，3（4）：79-86.

陈友岚，曹荣华.2016.藻类生物技术处理养猪废水工艺研究［J］.长江大学学报（自然科学版），13（21）：42-46.

冯建灿，胡秀丽，毛训甲.2002.叶绿素荧光动力学在研究植物逆境生理中的应用［J］.经济林研究，20（4）：14-18，30.

冯力霞.2006.环境胁迫对4株微藻叶绿素荧光特性的影响［D］.青岛：中国海洋大学.

高杰，李青凤，薛吉全，等.2016.干旱复水激发玉米叶片光系统Ⅱ性能的生理补偿机制［J］.植物生理学报，52（9）：1413-1420.

高影影.2013.富油海洋微藻的筛选及营养条件对其生长和油脂积累的影响［D］.南京：

南京农业大学.

郭俊燕. 2018. 基于绿球藻 *Chlorococcum* sp. GD 培养的硫污染物的资源化利用研究 [D].
太原：山西大学.

郭楠楠, 齐延凯, 孟顺龙, 等. 2019. 富营养化湖泊修复技术研究进展 [J]. 中国农学通
报, 35 (36)：72-79.

国家环境保护总局《水和废水监测分析方法》编委会. 2002. 水和废水监测分析方法
(第四版) [M]. 北京：中国环境科学出版社.

韩琳. 2015. 高产油脂微藻的筛选及其对生活污水脱氮除磷能力的研究 [D]. 济南：山东
大学.

胡洪营, 李鑫, 杨佳. 2009. 基于微藻细胞培养的水质深度净化与高价值生物质生产耦合
技术 [J]. 生态环境学报, 18 (3)：1122-1127.

黄海波, 呼世斌, 张凤梅, 等. 2013. 化学絮凝法对高质量浓度养猪废水预处理效果 [J].
西北农业学报, 22 (6)：190-196.

黄学平, 李薇, 万金保, 等. 2015. 基于 SPSS 因子分析的养猪废水中藻生长适应性综合评
价 [J]. 江西师范大学学报 (自然科学版), 39 (1)：94-100.

李川, 薛建辉, 赵蓉, 等. 2009. 4 种固定化藻类对污水中氮的净化能力研究 [J]. 环境工
程学报, 3 (12)：2185-2188.

李方芳. 2012. 微藻固定 CO_2 生产生物柴油的研究 [D]. 武汉：武汉科技大学.

李新. 2018. 重金属（Cu^{2+}, Hg^{2+}）胁迫对硅藻（微尼海双眉藻 *Halamphora veneta*）的生
态毒理学效应研究 [D]. 哈尔滨：哈尔滨师范大学.

李永富. 2014. 内置 LED 光源的新型平板式光生物反应器用于微藻高效固定 CO_2 [D].
青岛：中国海洋大学.

李志勇, 郭祀远. 1997. 利用藻类去除与回收工业废水中的金属 [J]. 重庆环境科学, 19
(6)：27-32.

栗越妍, 孟睿, 何连生, 等. 2010. 净化水产养殖废水的藻种筛选 [J]. 环境科学与技术,
33 (6)：67-70.

刘林林, 黄旭雄, 危立坤, 等. 2014. 利用狭形小桩藻净化猪场养殖污水的研究 [J]. 环境
科学学报, 34 (11)：2765-2772.

娄永江, 宋美, 魏丹丹, 等. 2016. 三氯化铁的絮凝机制与研究趋势 [J]. 食品与生物技术

学报，35（7）：673-676.

陆贤，刘伟京，涂勇，等. 2011. 次氯酸钠氧化法深度处理造纸废水试验研究 [J]. 环境科学与技术，34（3）：90-92.

陆向红. 2013. 氮源种类及浓度对眼点拟微绿球藻生长密度、油脂产率和二十碳五烯酸含量的影响 [J]. 生物工程学报，29（12）：1865-1869.

罗智展，舒琥，许瑾，等. 2019. 利用微藻处理污水的研究进展 [J]. 水处理技术，45（10）：17-23，39.

吕福荣，杨海波，李英敏，等. 2003. 自养条件下小球藻净化氮磷能力的研究 [J]. 生物技术，13（6）：46-47.

马红芳，李鑫，胡洪营，等. 2012. 栅藻 LX1 在水产养殖废水中的生长、脱氮除磷和油脂积累特性 [J]. 环境科学，33（6）：1891-1896.

马宁，汪浩，刘操，等. 2016. 污水厂提标改造中 A^2/O 工艺研究与应用趋势 [J]. 中国给水排水. 32（20）：29-33.

马永飞，杨小珍，赵小虎，等. 2017. 污水氮浓度对粉绿狐尾藻去氮能力的影响 [J]. 环境科学，38（3）：1093-1101.

茅宇娟，王欢，曾陵，等. 2019. 高效液相色谱法联用蒸发光散射测定薏苡仁多糖的单糖组成 [J]. 生物加工过程，17（6）：604-609.

母锐敏，赵燕丽，马桂霞，等. 2018. 絮凝剂对小球藻采收和生物柴油制备影响研究 [J]. 山东建筑大学学报，33（5）：18-23.

彭明江，杨平，郭勇. 2005. 固定化藻类去除氮、磷的研究进展 [J]. 资源开发与市场，21（6）：507-510.

任佳，麻晓霞，马玉龙，等. 2012. 三种微藻与苯酚的相互作用研究 [J]. 安徽农业科学，40（20）：10560-10562.

施之新. 1999. 中国淡水藻志　第六卷　裸藻门 [M]. 北京：科学出版社.

施之新. 2013. 中国淡水藻志　第十六卷　硅藻门　桥弯藻科 [M]. 北京：科学出版社.

王洁玉. 2017. 微量元素铁、钴、钼对三种淡水藻类生长的影响 [D]. 新乡：河南师范大学.

王军，杨素玲，丛威，等. 2003. 产烃葡萄藻在气升式光生物反应器中的分批补料培养 [J]. 过程工程学报，3（4）：366-370.

王俊. 2012. 杜氏盐藻、青岛大扁藻对营养盐变化的生理生态学响应机制 [D]. 舟山：浙江海洋学院.

王凯军，宋英豪. 2002. SBR 工艺的发展类型及其应用特性 [J]. 中国给水排水，18 (7)：23-26.

王珊珊. 2013. 栅藻对重金属离子的富集及其机理的研究 [D]. 福州：福建师范大学.

王伟伟，陈书秀，钱瑞，等. 2014. 海水养殖废水预处理方法与微藻藻种筛选 [J]. 水产科学，33 (3)：181-185.

王熹，王湛，杨文涛，等. 2014. 中国水资源现状及其未来发展方向展望 [J]. 环境工程，32 (7)：1-5.

文锦，孙远，李宝硕，等. 2010. 产油微藻自养培养条件调控 [J]. 微生物学通报，37 (12)：1721-1726.

吴琪璐，崔文倩，沈亮，等. 2018. 环境因子对微藻胞外多聚物主要组分的影响 [J]. 厦门大学学报（自然科学版），57 (3)：346-353.

解军. 2008. 脱氢酶活性测定水中活体藻含量的研究 [D]. 济南：山东大学.

邢丽贞，陈文兵，孔进. 2004. 藻类在净化污水中的应用——水力藻类床工艺 [J]. 水处理信息报导，23 (2)：18-20.

熊邦. 2013. 铅对普通小球藻和原壳小球藻的毒性效应研究 [D]. 上海：华东理工大学.

修长贤，张念华，王春雷，等. 2016. MBR 处理污水的研究现状及展望 [J]. 齐鲁工业大学学报，30 (5)：35-38.

徐畅. 2014. 利用绿藻处理高氨氮养猪沼液的预处理方法研究 [D]. 南昌：南昌大学.

许春华，周琪. 2001. 高效藻类塘的研究与应用 [J]. 环境保护，8 (4)：41-43.

薛蓉，陆向红，卢美贞，等. 2012. 絮凝法采收小球藻的研究 [J]. 可再生能源，30 (9)：80-84.

杨春雪，施春红，张喜玲，等. 2020. 膜生物反应器处理农村生活污水研究进展 [J]. 水处理技术，46 (8)：1-5.

叶晨松. 2018. 基于丝状真菌的微藻收获技术研究及废水处理初探 [D]. 南昌：南昌大学.

余秋阳. 2014. 人工藻类系统对污水中 N、P 及有机物去除试验研究 [D]. 重庆：重庆大学.

张芳, 程丽华, 徐新华, 等. 2012. 能源微藻采收及油脂提取技术 [J]. 化学进展, 24 (10): 2062-2072.

张涵, 孙宏, 吴逸飞, 等. 2018. 菌藻固定化技术及其在养殖污水处理中的应用进展 [J]. 中国畜牧杂志, 54 (11): 21-25.

张胜利, 刘丹, 曹臣. 2009. 次氯酸钠氧化脱除废水中氨氮的研究 [J]. 工业用水与废水, 40 (3): 23-26.

张守仁. 1999. 叶绿素荧光动力学参数的意义及讨论 [J]. 植物学报, 16 (4): 444-448.

张铁明. 2006. 微量元素——锌、铁、锰对淡水浮游藻类增殖的影响 [D]. 北京: 首都师范大学.

张亚超, 张晶, 侯爱月, 等. 2019. 胞外聚合物和信号分子对厌氧氨氧化污泥活性的影响 [J]. 中国环境科学, 39 (10): 4133-4140.

赵会杰, 邹琦, 于振文. 2000. 叶绿素荧光分析技术及其在植物光合机理研究中的应用 [J]. 河南农业大学学报, 34 (3): 248-251.

朱浩然. 2007. 中国淡水藻志 第九卷 蓝藻门 藻殖段纲 [M]. 北京: 科学出版社.

ABE K, IMAMAKI A, HIRANO M. 2002. Removal of nitrate, nitrite, ammonium and phosphate ions from water by the aerial microalga *Trentepohlia aurea* [J]. Journal of Applied Phycology, 14 (2): 129-134.

ABINANDAN S, SHANTHAKUMAR S. 2015. Challenges and opportunities in application of microalgae (*Chlorophyta*) for wastewater treatment: a review [J]. Renewable and Sustainable Energy Reviews, 52: 123-132.

ABOU-SHANAB R A, JI M K, KIM H C, et al. 2013. Microalgal species growing on piggery wastewater as a valuable candidate for nutrient removal and biodiesel production [J]. Journal of Environmental Management, 115 (3): 257-264.

ALAM M A, WAN C, GUO S L, et al. 2014. Characterization of the flocculating agent from the spontaneously flocculating microalga *Chlorella vulgaris* JSC-7 [J]. Journal of Bioscience and Bioengineering, 118 (1): 29-33.

ALI M, SHAW D R, ZHANG L, et al. 2018. Aggregation ability of three phylogenetically distant anammox bacterial species [J]. Water Research, 143: 10-18.

ALJUBOORI A H R, UEMURA Y, THANH N T. 2016. Flocculation and mechanism of self-flocculating lipid producer microalga *Scenedesmus quadricauda* for biomass harvesting [J]. Biomass and Bioenergy, 93: 38–42.

AL–QADIRI H M, AL–HOLY M A, LIN M, et al. 2006. Rapid detection and identification of *Pseudomonas aeruginosa* and *Escherichia coli* as pure and mixed cultures in bottled drinking water using Fourier transform infrared spectroscopy and multivariate analysis [J]. Journal of Agricultural and Food Chemistry, 54 (16): 5749–5754.

ANSARI F A, SINGH P, GULDHE A, et al. 2017. Microalgal cultivation using aquaculture wastewater: Integrated biomass generation and nutrient remediation [J]. Algal Research, 21: 169–177.

ANTHONISEN A C, LOEHR R C, PRAKASAM T B, et al. 1976. Inhibition of nitrification by ammonia and nitrous acid [J]. Journal–Water Pollution Control Federation, 48 (5): 835–852.

ANTIA N J, WATT A. 1965. Phosphatase activity in some species of marine phytoplankters [J]. Journal of the Fisheries Board of Canada, 22 (3): 793–799.

ARUMUGAM M, AGARWAL A, ARYA M C, et al. 2013. Influence of nitrogen sources on biomass productivity of microalgae *Scenedesmus bijugatus* [J]. Bioresource Technology, 131: 246–249.

ASLAN S, KAPDAN I K. 2006. Batch kinetics of nitrogen and phosphorus removal from synthetic wastewater by algae [J]. Ecological Engineering, 28 (1): 64–70.

BADIREDDY A R, CHELLAM S, GASSMAN P L, et al. 2010. Role of extracellular polymeric substances in bioflocculation of activated sludge microorganisms under glucose–controlled conditions [J]. Water Research, 44 (15): 4505–4516.

BAYONA K C D, GARCéS L A. 2014. Effect of different media on exopolysaccharide and biomass production by the green microalga *Botryococcus braunii* [J]. Journal of Applied Phycology, 26 (5): 2087–2095.

BESSON A, GUIRAUD P. 2013. High–pH–induced flocculation–flotation of the hypersaline microalga *Dunaliella salina* [J]. Bioresource Technology, 147: 464–470.

BEUCKELS A, DEPRAETERE O, VANDAMME D, et al. 2013. Influence of organic matter on flocculation of *Chlorella vulgaris* by calcium phosphate precipitation [J]. Biomass and

Bioenergy, 54: 107-114.

BLIGH E G, DYER W J. 1959. A rapid method of total lipid extraction and purification [J]. Canadian Journal of Biochemistry and Physiology, 37 (8): 911-917.

BOONCHAI R, KAEWSUK J, SEO G. 2015. Effect of nutrient starvation on nutrient uptake and extracellular polymeric substance for microalgae cultivation and separation [J]. Desalination and Water Treatment, 55 (2): 360-367.

BROWN M J, LESTER J N. 1980. Comparison of bacterial extracellular polymer extraction methods [J]. Applied and Environmental Microbiology, 40 (2): 179-185.

CAI T, PARK S Y, LI Y. 2013. Nutrient recovery from wastewater streams by microalgae: status and prospects [J]. Renewable and Sustainable Energy Reviews, 19: 360-369.

CHEIRSILP B, TORPEE S. 2012. Enhanced growth and lipid production of microalgae under mixotrophic culture condition: effect of light intensity, glucose concentration and fed-batch cultivation [J]. Bioresource Technology, 110: 510-516.

CHEN C Y, KUO E W, NAGARAJAN D, et al. 2020. Cultivating *Chlorella sorokiniana* AK-1 with swine wastewater for simultaneous wastewater treatment and algal biomass production [J]. Bioresource Technology, 302: 122-814.

CHEN W, WESTERHOFF P, LEENHEER J A, et al. 2003. Fluorescence excitation-emission matrix regional integration to quantify spectra for dissolved organic matter [J]. Environmental Science and Technology, 37 (24): 5701-5710.

CHEN Y, YANG H, GU G. 2001. Effect of acid and surfactant treatment on activated sludge dewatering and settling [J]. Water Research, 35 (11): 2615-2620.

CHENG H, TIAN G, LIU J. 2013. Enhancement of biomass productivity and nutrients removal from pretreated piggery wastewater by mixotrophic cultivation of *Desmodesmus* sp. CHX1 [J]. Desalination and Water Treatment, 51 (37-39): 7004-7011.

CHOI W J, CHAE A N, SONG K G, et al. 2019. Effect of trophic conditions on microalga growth, nutrient removal, algal organic matter, and energy storage products in *Scenedesmus* (*Acutodesmus*) *obliquus* KGE-17 cultivation [J]. Bioprocess and Biosystems Engineering, 42 (7): 1225-1234.

CHRISTENSON L, SIMS R. 2011. Production and harvesting of microalgae for wastewater treatment, biofuels, and bioproducts [J]. Biotechnology Advances, 29 (6): 686–702.

COBLE P G. 1996. Characterization of marine and terrestrial DOM in seawater using excitation–emission matrix spectroscopy [J]. Marine Chemistry, 51 (4): 325–346.

COMTE S, GUIBAUD G, BAUDU M. 2006. Relations between extraction protocols for activated sludge extracellular polymeric substances (EPS) and EPS complexation properties: Part I. Comparison of the efficiency of eight EPS extraction methods [J]. Enzyme and Microbial Technology, 38 (1–2): 237–245.

D'ABZAC P, BORDAS F, VAN HULLEBUSCH E, et al. 2010. Extraction of extracellular polymeric substances (EPS) from anaerobic granular sludges: comparison of chemical and physical extraction protocols [J]. Applied Microbiology and Biotechnology, 85 (5): 1589–1599.

DAI Y, JIA C, LIANG W, et al. 2012. Effects of the submerged macrophyte *Ceratophyllum demersum* L. on restoration of A eutrophic waterbody and its optimal coverage [J]. Ecological Engineering, 40 (3): 113–116.

DE KREUK M K, KISHIDA N, TSUNEDA S, et al. 2010. Behavior of polymeric substrates in an aerobic granular sludge system [J]. Water Research, 44 (20): 5929–5938.

DE-BASHAN L E, ANTOUN H, BASHAN Y. 2005. Cultivation factors and population size control the uptake of nitrogen by the microalgae *Chlorella vulgaris* when interacting with the microalgae growth–promoting bacterium *Azospirillum brasilense* [J]. FEMS Microbiology Ecology, 54 (2): 197–203.

DE-BASHAN L E, BASHAN Y. 2004. Recent advances in removing phosphorus from wastewater and its future use as fertilizer (1997–2003)[J]. Water Research, 38 (19): 4222–4246.

DING Z, JIA S, HAN P, et al. 2013. Effects of carbon sources on growth and extracellular polysaccharide production of *Nostoc flagelliforme* under heterotrophic high–cell–density fed–batch cultures [J]. Journal of Applied Phycology, 25 (4): 1017–1021.

DOMíNGUEZ L, RODRíGUEZ M, PRATS D. 2010. Effect of different extraction methods on bound EPS from MBR sludges. Part I: influence of extraction methods over three–dimensional EEM fluorescence spectroscopy fingerprint [J]. Desalination, 261 (1–2):

19-26.

DREXLER I L C, YEH D H. 2014. Membrane applications for microalgae cultivation and harvesting: a review [J]. Reviews in Environmental Science and Bio/Technology, 13 (4): 487-504.

EAGLES E J, BENSTEAD R, MACDONALD S, et al. 2018. Impacts of the mycotoxin zearalenone on growth and photosynthetic responses in laboratory populations of freshwater macrophytes (*Lemna minor*) and microalgae (*Pseudokirchneriella subcapitata*) [J]. Ecotoxicology and Environmental Safety, 169: 225-231.

FENG J, GUO Y, ZHANG X, et al. 2016. Identification and characterization of a symbiotic alga from soil bryophyte for lipid profiles [J]. Biology Open, 5 (9): 1317-1323.

FRØLUND B, PALMGREN R, KEIDING K, et al. 1996. Extraction of extracellular polymers from activated sludge using a cation exchange resin [J]. Water Research, 30 (8): 1749-1758.

GAIGNARD C, LAROCHE C, PIERRE G, et al. 2019. Screening of marine microalgae: Investigation of new exopolysaccharide producers [J]. Algal Research, 44: 101-711.

GONZÁLEZ-FERNÁNDEZ C, BALLESTEROS M. 2013. Microalgae autoflocculation: an alternative to high-energy consuming harvesting methods [J]. Journal of Applied Phycology, 25 (4): 991-999.

GRIMA E M, BELARBI E H, FERNÁNDEZ F G A, et al. 2003. Recovery of microalgal biomass and metabolites: process options and economics [J]. Biotechnology Advances, 20 (7-8): 491-515.

GUERRERO-CABRERA L, RUEDA J A, GARCÍA-LOZANO H, et al. 2014. Cultivation of *Monoraphidium* sp. *Chlorella* sp. and *Scenedesmus* sp. algae in Batch culture using Nile tilapia effluent [J]. Bioresource Technology, 161 (11): 455-460.

GUIBAUD G, TIXIER N, BOUJU A, et al. 2003. Relation between extracellular polymers' composition and its ability to complex Cd, Cu and Pb [J]. Chemosphere, 52 (10): 1701-1710.

GUO S L, ZHAO X Q, WAN C, et al. 2013. Characterization of flocculating agent from the self-flocculating microalga *Scenedesmus obliquu*s AS-6-1 for efficient biomass harvest

［J］. Bioresource Technology, 145: 285-289.

HENDERSON R K, BAKER A, PARSONS S A, et al. 2008. Characterisation of algogenic organic matter extracted from cyanobacteria, green algae and diatoms ［J］. Water Research, 42 (13): 3435-3445.

HOU X, LIU S, ZHANG Z. 2015. Role of extracellular polymeric substance in determining the high aggregation ability of anammox sludge ［J］. Water Research, 75: 51-62.

HUANG Z, WANG Y, JIANG L, et al. 2018. Mechanism and performance of a self-flocculating marine bacterium in saline wastewater treatment ［J］. Chemical Engineering Journal, 334: 732-740.

JAMPEETONG A, BRIX H, KANTAWANICHKUL S. 2012. Effects of inorganic nitrogen forms on growth, morphology, nitrogen uptake capacity and nutrient allocation of four tropical aquatic macrophytes (*Salvinia cucullata*, *Ipomoea aquatica*, *Cyperus involucratus*, and *Vetiveria zizanioides*) ［J］. Aquatic Botany, 97 (1): 10-16.

JI X, CHENG J, GONG D, et al. 2018. The effect of NaCl stress on photosynthetic efficiency and lipid production in freshwater microalga *Scenedesmus obliquus* XJ002 ［J］. Science of the Total Environment, 633: 593-599.

JIANG L, LUO S, FAN X, et al. 2011. Biomass and lipid production of marine microalgae using municipal wastewater and high concentration of CO_2 ［J］. Applied Energy, 88 (10): 3336-3341.

JIN L, ZHANG G, TIAN H. 2014. Current state of sewage treatment in China ［J］. Water Research, 66: 85-98.

KIM M J, YOUN J R, SONG Y S. 2018. Focusing manipulation of microalgae in a microfluidic device using self-produced macromolecules ［J］. Lab on a Chip, 18 (7): 1017-1025.

KONG F Y, REN H Y, ZHAO L, et al. 2020. Semi-continuous lipid production and sedimentation of *Scenedesmus* sp. by metal ions addition in the anaerobic fermentation effluent ［J］. Energy Conversion and Management, 203: 112-216.

KONNO H. 1993. Settling and coagulation of slender type diatoms ［J］. Water Science and Technology, 27 (11): 231-240.

KOTHARI R, PATHAK V V, KUMAR V, et al. 2012. Experimental study for growth potential of unicellular alga *Chlorella pyrenoidosa* on dairy waste water: an integrated approach for treatment and biofuel production [J]. Bioresource Technology, 116: 466-470.

KOTHARI R, PRASAD R, KUMAR V, et al. 2013. Production of biodiesel from microalgae *Chlamydomonas polypyrenoideum* grown on dairy industry wastewater [J]. Bioresource Technology, 144: 499-503.

LI K, LIU Q, FANG F, et al. 2019. Microalgae-based wastewater treatment for nutrients recovery: a review [J]. Bioresource Technology, 291: 121-934.

LI X Y, YANG S F. 2007. Influence of loosely bound extracellular polymeric substances (EPS) on the flocculation, sedimentation and dewaterability of activated sludge [J]. Water Research, 41 (5): 1022-1030.

LI X, HU H Y, ZHANG Y P. 2011. Growth and lipid accumulation properties of a freshwater microalga *Scenedesmus* sp. under different cultivation temperature [J]. Bioresource Technology, 102 (3): 3098-3102.

LI Y G, XU L, HUANG Y M, et al. 2011. Microalgal biodiesel in China: opportunities and challenges [J]. Applied Energy, 88 (10): 3432-3437.

LI Y, HORSMAN M, WANG B, et al. 2008. Effects of nitrogen sources on cell growth and lipid accumulation of green alga *Neochloris oleoabundans* [J]. Applied Microbiology and Biotechnology, 81 (4): 629-636.

LI Y, ZHOU W, HU B, et al. 2011. Integration of algae cultivation as biodiesel production feedstock with municipal wastewater treatment: Strains screening and significance evaluation of environmental factors [J]. Bioresource Technology, 102 (23): 10861-10867.

LIANG Z, LI W, YANG S, et al. 2010. Extraction and structural characteristics of extracellular polymeric substances (EPS), pellets in autotrophic nitrifying biofilm and activated sludge [J]. Chemosphere, 81 (5): 626-632.

LIM D K Y, GARG S, TIMMINS M, et al. 2012. Isolation and evaluation of oil-producing microalgae from subtropical coastal and brackish waters [J]. PLoS One, 7 (7): e40751.

LIN Q, LIN J. 2011. Effects of nitrogen source and concentration on biomass and oil production of a *Scenedesmus rubescens* like microalga. [J]. Bioresource Technology, 102 (2):

1615-1621.

LIN T S, WU J Y. 2015. Effect of carbon sources on growth and lipid accumulation of newly isolated microalgae cultured under mixotrophic condition [J]. Bioresource Technology, 184: 100-107.

LIU F, ZHANG S, WANG Y, et al. 2016. Nitrogen removal and mass balance in newly-formed *Myriophyllum aquaticum* mesocosm during a single 28-day incubation with swine wastewater treatment [J]. Journal of Environmental Management, 166: 596-604.

LIU H, FANG H H P. 2002. Extraction of extracellular polymeric substances (EPS) of sludges [J]. Journal of Biotechnology, 95 (3): 249-256.

LIU J, HUANG J, SUN Z, et al. 2011. Differential lipid and fatty acid profiles of photoautotrophic and heterotrophic *Chlorella zofingiensis*: assessment of algal oils for biodiesel production [J]. Bioresource Technology, 102 (1): 106-110.

LIU J, ZHU Y, TAO Y, et al. 2013. Freshwater microalgae harvested via flocculation induced by pH decrease [J]. Biotechnology for Biofuels, 6 (1): 98.

LIU Y, FANG H H P. 2003. Influences of extracellular polymeric substances (EPS) on flocculation, settling, and dewatering of activated sludge [J]. Journal Critical Reviews in Environmental Science and Technology, 33: 237-273.

LIU Z Y, WANG G C, ZHOU B C. 2008. Effect of iron on growth and lipid accumulation in *Chlorella vulgaris* [J]. Bioresource Technology, 99 (11): 4717-4722.

LV J, GUO B, FENG J, et al. 2019. Integration of wastewater treatment and flocculation for harvesting biomass for lipid production by a newly isolated self-flocculating microalga *Scenedesmus rubescens* SX [J]. Journal of Cleaner Production, 240: 118-211.

LV J, GUO J, FENG J, et al. 2016. A comparative study on flocculating ability and growth potential of two microalgae in simulated secondary effluent [J]. Bioresource Technology, 205: 111-117.

LV J, LIU Y, FENG J, et al. 2018. Nutrients removal from undiluted cattle farm wastewater by the two-stage process of microalgae-based wastewater treatment [J]. Bioresource Technology, 264: 311-318.

LV J, WANG X, FENG J, et al. 2019. Comparison of growth characteristics and nitrogen removal capacity of five species of green algae [J]. Journal of Applied Phycology, 31: 409-421.

LV J, WANG X, LIU W, et al. 2018. The performance of a self-flocculating microalga *Chlorococcum* sp. GD in wastewater with different ammonia concentrations [J]. International Journal of Environmental Research and Public Health, 15 (3): 434.

MARTINEZ M E, JIMENEZ J M, EL YOUSFI F. 1999. Influence of phosphorus concentration and temperature on growth and phosphorus uptake by the microalga *Scenedesmus obliquus* [J]. Bioresource Technology, 67 (3): 233-240.

MATTER I A, BUI V K H, JUNG M, et al. 2019. Flocculation harvesting techniques for microalgae: A review [J]. Applied Sciences, 9 (15): 30-69.

MCSWAIN B S, IRVINE R L, HAUSNER M, et al. 2005. Composition and distribution of extracellular polymeric substances in aerobic flocs and granular sludge [J]. Applied and Environmental Microbiology, 71 (2): 1051-1057.

MIAZEK K, IWANEK W, REMACLE C, et al. 2015. Effect of metals, metalloids and metallic nanoparticles on microalgae growth and industrial product biosynthesis: A review [J]. International Journal of Molecular Sciences, 16 (10): 23929-23969.

MILLEDGE J J, HEAVEN S. 2013. A review of the harvesting of micro-algae for biofuel production [J]. Reviews in Environmental Science and Bio/Technology, 12 (2): 165-178.

MISHRA A, JHA B. 2009. Isolation and characterization of extracellular polymeric substances from micro-algae *Dunaliella salina* under salt stress [J]. Bioresource Technology, 100 (13): 3382-3386.

MORE T T, YADAV J S S, YAN S, et al. 2014. Extracellular polymeric substances of bacteria and their potential environmental applications [J]. Journal of Environmental Management, 144: 1-25.

NASIR N M, BAKAR N S A, LANANAN F, et al. 2015. Treatment of African catfish, *Clarias gariepinus* wastewater utilizing phytoremediation of microalgae, *Chlorella* sp. with Aspergillus niger, bio-harvesting [J]. Bioresource Technology, 190 (8): 492-498.

NELSON N O, MIKKELSEN R L, HESTERBERG D L. 2003. Struvite precipitation in anaerobic swine lagoon liquid: effect of pH and Mg: P ratio and determination of rate constant [J]. Bioresource Technology, 89 (3): 229-236.

NIELSEN P H, FRØLUND B, KEIDING K. 1996. Changes in the composition of extracellular polymeric substances in activated sludge during anaerobic storage [J]. Applied Microbiology and Biotechnology, 44 (6): 823-830.

OSWALD W J, GOTAAS H B, GOLUEKE C G, et al. 1957. Algae in waste treatment [J]. Sewage and Industrial Wastes, 29 (4): 437-457.

PAN X, LIU J, ZHANG D, et al. 2010. A comparison of five extraction methods for extracellular polymeric substances (EPS) from biofilm by using three dimensional excitation-emission matrix (3DEEM) fluorescence spectroscopy [J]. Water Sa, 36 (1): 111-116.

PAPAZI A, MAKRIDIS P, DIVANACH P. 2010. Harvesting *Chlorella minutissima* using cell coagulants [J]. Journal of Applied Phycology, 22 (3): 349-355.

PARIKH S J, CHOROVER J. 2006. ATR-FTIR spectroscopy reveals bond formation during bacterial adhesion to iron oxide [J]. Langmuir, 22 (20): 8492-8500.

PELIZER L H, EDG D, CDEO R, et al. 2003. Influence of inoculum age and concentration in *Spirulina platensis* cultivation [J]. Journal of Food Engineering, 56 (4): 371-375.

PÉREZ L, SALGUEIRO J L, MACEIRAS R, et al. 2017. An effective method for harvesting of marine microalgae: pH induced flocculation [J]. Biomass and Bioenergy, 97: 20-26.

PEREZ-GARCIA O, ESCALANTE F M E, DE-BASHAN L E, et al. 2011. Heterotrophic cultures of microalgae: metabolism and potential products [J]. Water Research, 45 (1): 11-36.

PIERRE G, ZHAO J M, ORVAIN F, et al. 2014. Seasonal dynamics of extracellular polymeric substances (EPS) in surface sediments of a diatom-dominated intertidal mudflat (Marennes-Oléron, France) [J]. Journal of Sea Research, 92: 26-35.

PITTMAN J K, DEAN A P, OSUNDEKO O. 2011. The potential of sustainable algal biofuel production using wastewater resources [J]. Bioresource Technology, 102 (1): 17-25.

RIPPKA R, DERUELLES J, WATERBURY J B, et al. 1979. Generic assignments, strain histories and properties of pure cultures of cyanobacteria [J]. Microbiology, 111 (1): 1-61.

SALIM S, BOSMA R, VERMUË M H, et al. 2011. Harvesting of microalgae by bio-flocculation [J]. Journal of Applied Phycology, 23 (5): 849-855.

SALIM S, KOSTERINK N R, WACKA N D T, et al. 2014. Mechanism behind autoflocculation of unicellular green microalgae *Ettlia texensis* [J]. Journal of Biotechnology, 174: 34-38.

SALIM S, SHI Z, VERMUË M H, et al. 2013. Effect of growth phase on harvesting characteristics, autoflocculation and lipid content of *Ettlia texensis* for microalgal biodiesel production [J]. Bioresource Technology, 138: 214-221.

SATHIAN S, RAJASIMMAN M, RATHNASABAPATHY C S, et al. 2014. Performance evaluation of SBR for the treatment of dyeing wastewater by simultaneous biological and adsorption processes [J]. Journal of Water Process Engineering, 4: 82-90.

SEO Y H, SUNG M, KIM B, et al. 2015. Ferric chloride based downstream process for microalgae based biodiesel production [J]. Bioresource Technology, 181: 143-147.

SHENG G P, YU H Q, LI X Y. 2010. Extracellular polymeric substances (EPS) of microbial aggregates in biological wastewater treatment systems: a review [J]. Biotechnology Advances, 28 (6): 882-894.

SHENG G P, YU H Q, YU Z. 2005. Extraction of extracellular polymeric substances from the photosynthetic bacterium *Rhodopseudomonas acidophila* [J]. Applied Microbiology and Biotechnology, 67 (1): 125-130.

SHENG G P, YU H Q. 2006. Characterization of extracellular polymeric substances of aerobic and anaerobic sludge using three-dimensional excitation and emission matrix fluorescence spectroscopy [J]. Water Research, 40 (6): 1233-1239.

SHI Y, SHENG J, YANG F, et al. 2007. Purification and identification of polysaccharide derived from *Chlorella pyrenoidosa* [J]. Food Chemistry, 103 (1): 101-105.

SHILTON A N, POWELL N, GUIEYSSE B. 2012. Plant based phosphorus recovery from wastewater via algae and macrophytes [J]. Current Opinion in Biotechnology, 23 (6): 884-889.

SIKOSANA M L, SIKHWIVHILU K, MOUTLOALI R, et al. 2019. Municipal wastewater treatment technologies: A review [J]. Procedia Manufacturing, 35: 1018-1024.

SINDELAR H R, YAP J N, BOYER T H, et al. 2015. Algae scrubbers for phosphorus removal in impaired waters [J]. Ecological Engineering, 85: 144-158.

SOLIMENO A, ACÍEN F G, GARCÍA J. 2017. Mechanistic model for design, analysis, operation and control of microalgae cultures: Calibration and application to tubular photobioreactors [J]. Algal Research, 21: 236-246.

SOLIMENO A, SAMSÓ R, UGGETTI E, et al. 2015. New mechanistic model to simulate microalgae growth [J]. Algal Research, 12: 350-358.

SONG Y, HAHN H H, HOFFMANN E. 2002. Effects of solution conditions on the precipitation of phosphate for recovery: A thermodynamic evaluation [J]. Chemosphere, 48 (10): 1029-1034.

SU Y, MENNERICH A, URBAN B. 2012. Comparison of nutrient removal capacity and biomass settleability of four high-potential microalgal species [J]. Bioresource Technology, 124: 157-162.

SUKENIK A, SHELEF G. 1984. Algal autoflocculation-verification and proposed mechanism [J]. Biotechnology and Biocngineering, 26 (2): 142-147.

TAKAHASHI E, LEDAUPHIN J, GOUX D, et al. 2010. Optimising extraction of extracellular polymeric substances (EPS) from benthic diatoms: comparison of the efficiency of six EPS extraction methods [J]. Marine and Freshwater Research, 60 (12): 1201-1210.

UESHIMA M, GINN B R, HAACK E A, et al. 2008. Cd adsorption onto *Pseudomonas putida* in the presence and absence of extracellular polymeric substances [J]. Geochimica et Cosmochimica Acta, 72 (24): 5885-5895.

VALKO M, IZAKOVIC M, MAZUR M, et al. 2004. Role of oxygen radicals in DNA damage and cancer incidence [J]. Molecular and Cellular Biochemistry, 266 (1-2): 37-56.

VANDAMME D, FOUBERT I, MUYLAERT K. 2013. Flocculation as a low-cost method for harvesting microalgae for bulk biomass production [J]. Trends in Biotechnology, 31 (4): 233-239.

VANDAMME D, POHL P I, BEUCKELS A, et al. 2015. Alkaline flocculation of *Phaeodactylum tricornutum* induced by brucite and calcite [J]. Bioresource Technology, 196: 656-661.

VASSILIEV I R, KOLBER Z, WYMAN K D, et al. 1995. Effects of iron limitation on photosystem II composition and light utilization in *Dunaliella tertiolecta* [J]. Plant Physiology, 109 (3): 963-972.

WAN C, ALAM M A, ZHAO X Q, et al. 2015. Current progress and future prospect of microalgal biomass harvest using various flocculation technologies [J]. Bioresource Technology, 184: 251-257.

WANG B B, PENG D C, HOU Y P, et al. 2014. The important implications of particulate substrate in determining the physicochemical characteristics of extracellular polymeric substances (EPS) in activated sludge [J]. Water Research, 58: 1-8.

WANG H, XIONG H, HUI Z, et al. 2012. Mixotrophic cultivation of *Chlorella pyrenoidosa* with diluted primary piggery wastewater to produce lipids [J]. Bioresource Technology, 104: 215-220.

WANG J, LIU Q, FENG J, et al. 2016. Photosynthesis inhibition of pyrogallol against the bloom-forming cyanobacterium *Microcystis aeruginosa* TY001 [J]. Polish Journal of Environmental Studies, 25 (6): 2601-2608.

WANG L, LI Y, CHEN P, et al. 2010. Anaerobic digested dairy manure as a nutrient supplement for cultivation of oil-rich green microalgae *Chlorella* sp. [J]. Bioresource Technology, 101 (8): 2623-2628.

WANG M, KUO-DAHAB W C, DOLAN S, et al. 2014. Kinetics of nutrient removal and expression of extracellular polymeric substances of the microalgae, *Chlorella* sp. and *Micractinium* sp. in wastewater treatment [J]. Bioresource Technology, 154: 131-137.

WILKIE A C, MULBRY W W. 2002. Recovery of dairy manure nutrients by benthic freshwater algae [J]. Bioresource Technology, 84 (1): 81-91.

WU L F, CHEN P C, LEE C M. 2013. The effects of nitrogen sources and temperature on cell growth and lipid accumulation of microalgae [J]. International Biodeterioration and Biodegradation, 85: 506-510.

WU Z, ZHU Y, HUANG W, et al. 2012. Evaluation of flocculation induced by pH increase for harvesting microalgae and reuse of flocculated medium [J]. Bioresource Technology, 110: 496-502.

XIAO R, ZHENG Y. 2016. Overview of microalgal extracellular polymeric substances (EPS) and their applications [J]. Biotechnology Advances, 34 (7): 1225-1244.

XIAO X, HAN Z, CHEN Y, et al. 2011. Optimization of FDA-PI method using flow cytometry to measure metabolic activity of the cyanobacteria, *Microcystis aeruginosa* [J]. Physics and Chemistry of the Earth, Parts A/B/C, 36 (9-11): 424-429.

XIN L, HONG-YING H, KE G, et al. 2010. Growth and nutrient removal properties of a freshwater microalga *Scenedesmus* sp. LX1 under different kinds of nitrogen sources [J]. Ecological Engineering, 36 (4): 379-381.

XU H, JIANG H, YU G, et al. 2014. Towards understanding the role of extracellular polymeric substances in cyanobacterial *Microcystis* aggregation and mucilaginous bloom formation [J]. Chemosphere, 117: 815-822.

YANG Q, GU S, PENG Y, et al. 2010. Progress in the development of control strategies for the SBR process [J]. Clean-Soil, Air, Water, 38 (8): 732-749.

YU G H, HE P J, SHAO L M. 2009. Characteristics of extracellular polymeric substances (EPS) fractions from excess sludges and their effects on bioflocculability [J]. Bioresource Technology, 100 (13): 3193-3198.

YU H. 2012. Effect of mixed carbon substrate on exopolysaccharide production of cyanobacterium *Nostoc flagelliforme* in mixotrophic cultures [J]. Journal of Applied Phycology, 24 (4): 669-673.

YU Q, MATHEICKAL J T, YIN P, et al. 1999. Heavy metal uptake capacities of common marine macro algal biomass [J]. Water Research, 33 (6): 1534-1537.

YUAN D, WANG Y. 2013. Influence of extracellular polymeric substances on rheological properties of activated sludge [J]. Biochemical Engineering Journal, 77: 208-213.

ZHANG S H, YU X, GUO F, et al. 2011. Effect of interspecies quorum sensing on the formation of aerobic granular sludge [J]. Water Science and Technology, 64 (6): 1284-1290.

ZHU L, QI H, KONG Y, et al. 2012. Component analysis of extracellular polymeric substances (EPS) during aerobic sludge granulation using FTIR and 3D-EEM technologies [J]. Bioresource Technology, 124: 455-459.